David Krieg

Das Rechnen mit Resten

Eine anschauliche Darstellung, Analyse und Anwendung der Theorie der Restklassen- und Kongruenzrechnung

GRIN Verlag

Bibliografische Information der Deutschen Nationalbibliothek:

Die Deutsche Bibliothek verzeichnet diese Publikation in der Deutschen National-
bibliografie; detaillierte bibliografische Daten sind im Internet über http://dnb.d-
nb.de/ abrufbar.

Impressum:

Copyright © 2010 GRIN Verlag GmbH
Druck und Bindung: Books on Demand GmbH, Norderstedt Germany
ISBN: 978-3-656-05985-1

Dieses Buch bei GRIN:

http://www.grin.com/de/e-book/167805/das-rechnen-mit-resten

GRIN - Your knowledge has value

Der GRIN Verlag publiziert seit 1998 wissenschaftliche Arbeiten von Studenten, Hochschullehrern und anderen Akademikern als eBook und gedrucktes Buch. Die Verlagswebsite www.grin.com ist die ideale Plattform zur Veröffentlichung von Hausarbeiten, Abschlussarbeiten, wissenschaftlichen Aufsätzen, Dissertationen und Fachbüchern.

Besuchen Sie uns im Internet:

http://www.grin.com/

http://www.facebook.com/grincom

http://www.twitter.com/grin_com

FACHARBEIT

aus dem Fach

MATHEMATIK

Thema:　　Das Rechnen mit Resten – Eine anschauliche Darstellung, Analyse und Anwendung

der Theorie der Restklassen- und Kongruenzrechnung

Kurzfassung:　Das Rechnen mit Resten

Name:　　　　David Krieg

Leistungskurs:　Mathematik

Kursleiter:

Abgabetermin:　23. Dezember 2010

Abgabedatum beim Kollegstufenbetreuer:　　　_____

Bewertung:

Schriftliche Arbeit:　　Punkte: _____(einfache Wertung)　Note: _____

Mündliche Prüfung:　　Punkte: _____(einfache Wertung)　Note: _____

Gesamtergebnis:　　Punkte: _____(schriftlich dreifach + mündlich einfach)

Besprochen am:　　_____

_____

Unterschrift des Kursleiters

Inhaltsverzeichnis

1 Das Rechnen mit Resten – nicht nur für Kinder   **3**

2 Exkurs: Algebraische Strukturen   **3**

    2.1 Gruppen 4

    2.2 Ringe und Körper 5

3 Kongruenz- und Restklassenrechnung   **6**

    3.1 Der Begriff der Kongruenz 6

    3.2 Der Begriff der Restklasse 7

    3.3 Addition und Multiplikation modulo m 8

    3.4 Restklassenringe 10

    3.5 Rechenbeispiele 11

       3.5.1 Ein kleines Geburtstags-Experiment 11

       3.5.2 Die letzten Dezimalstellen großer Zahlen 12

       3.5.3 Die Fermat-Zahl F_5 13

4 Zwei ausgewählte Anwendungen   **13**

    4.1 Teilbarkeitsregeln bis 15 13

    4.2 Der Fermatsche Primzahltest 17

5 Ausblick: Restklassen in der Kryptographie   **21**

6 Anhang   **23**

1 Das Rechnen mit Resten – nicht nur für Kinder

„In 29 Tagen werde ich endlich 18!", freut sich Fritz. „Was für ein Tag ist das eigentlich?", will er wissen, hat aber keinen Kalender zur Hand. Herrn Peters interessiert dagegen mehr, ob sich die übrigen 460 Euro überhaupt gerecht auf die 15 Teilnehmer der Klassenfahrt verteilen lassen, will aber deswegen nicht extra einen Taschenrechner suchen. Also wird mühsam nachgezählt und nachgerechnet und – wie sollte es anders sein – sich verzählt und verrechnet. Wer kennt sie nicht, diese kleinen, nervtötenden, mathematischen Quälereien des Alltags? Es geht allerdings auch einfacher. Restrechnung heißt das Wundermittel in diesem Fall. „Das ist doch Grundschulmathematik!", werden Sie sich jetzt vermutlich und nicht ganz zu Unrecht denken. Die Theorie der Restklassen und ihre Anwendungen reichen jedoch viel weiter. Viele berühmte Mathematiker, darunter EUKLID, FERMAT, EULER und GAUSS, beschäftigten sich bereits intensiv mit der Lehre der ganzen Zahlen und deren Teilbarkeitseigenschaften [BP]$_1$ – und das natürlich auch im Erwachsenenalter. Folgend soll Ihnen nicht nur anhand einiger Spielereien gezeigt werden, was das Rechnen mit Resten in der Alltagsmathematik für Fritz und Herrn Peters bringen kann, sondern auch, wie nützlich eine genauere, mathematische Betrachtung von Restklassen in höherer Mathematik ist. In diesem Zusammenhang gibt die Restrechnung auch einen guten Einblick in immer wiederkehrende Strukturen der Mathematik und grundlegende Vorgehensweisen. Dazu und um das Wesen von Resten besser verstehen zu können, ist es hilfreich, gleich zu Beginn einen kleinen Exkurs über algebraische Strukturen einzuschieben, bevor sich der Theorie der Restklassen und schließlich einigen praktischen Anwendungen gewidmet wird.

2 Exkurs: Algebraische Strukturen

Die verschiedensten mathematischen Konstrukte gehorchen oft ähnlichen oder sogar den gleichen Gesetzen. Anhand dieser Gesetze kann man sie vergleichen, zusammenfassen und ordnen. Die folgenden Definition mögen – wie so häufig in der Mathematik – etwas aus der Luft gegriffen scheinen, sind aber alle das Ergebnis wohldurchdachter Arbeit der unterschiedlichsten Mathematiker, wie es sich anhand der Beispiele und Kapitel 3.4 erahnen lassen dürfte. In diesem, sehr abstrakten Kapitel soll Ihnen ein kleines Theoriegebäude, bestehend aus drei wichtigen algebraischen Strukturen, näher gebracht werden, in das die Restklassenrechnung in Kapitel 3 eingeordnet werden soll.

Was sind überhaupt algebraische Strukturen?

Man betrachte ein *Paar* (A,∘), bestehend aus einer Menge A und einer (oder mehreren) Verknüpfung(en) ∘ auf ihr. Beispiel für ein solches Paar sind die natürlichen Zahlen mit der natürlichen Addition (**N**,+). Ob dieses Paar aber nun (**N**,+), (**R**,·) oder eine ganz abwegige Menge und Verknüpfung ist – Viele dieser Paare weisen gleiche oder ähnliche Eigenschaften und Gesetze auf. So gehorchen (**N**,+) und (**R**,·) z.B. beide dem Kommutativgesetz. Das führt zu einer Klassifizierung der Paare. Ein Paar (A,∘), das bestimmte Axiome erfüllt, bezeichnet man als *algebraische Struktur*[1] [LE]. Je nach den erfüllten Axiomen und der Anzahl der Verknüpfungen unterscheidet man verschiedene algebraische Strukturen. Zentral unter ihnen sind Gruppe, Ring und Körper.

2.1 Gruppen

Definition 1 (Gruppe [BA]$_1$). *Eine algebraische Struktur* $(G,\circ)$*, die aus einer Menge* $G \neq \varnothing$ *und einer inneren*[2] *Verknüpfung* $\circ\colon G \times G \to G$ *besteht, heißt* Gruppe, *wenn gilt:*

(2.1.1) Für alle $a, b, c \in G$ *ist* $a \circ (b \circ c) = (a \circ b) \circ c$ *(Assoziativgesetz).*

(2.1.2) Es gibt ein neutrales Element $e \in G$*, sodass* $e \circ a = a = a \circ e$ *für alle* $a \in G$*.*[3]

(2.1.3) Zu jedem $a \in G$ *existiert ein inverses Element* $a^{-1} \in G$*, sodass* $a^{-1} \circ a = e = a \circ a^{-1}$*.*

$(G,\circ)$ *heißt* abelsche *oder* kommutative Gruppe, *wenn zusätzlich*

(2.1.4) $a \circ b = b \circ a$ *für alle* $a, b \in G$ *gilt (Kommutativgesetz).*

Man beachte, dass das eine neutrale Element global für alle $a \in G$, die inversen Elemente jedoch individuell für jedes einzelne $a \in G$ existieren.

Zum Verständnis zwei Beispiele:

Beispiel 1. (**Z**,+) ist eine abelsche Gruppe, da sie (2.1.1) bis (2.1.4) erfüllt: Die Addition von ganzen Zahlen ist bekanntlich assoziativ (z.B. $2 + (3 + 4) = (2 + 3) + 4$) und kommutativ (z.B. $5 + 6 = 6 + 5$). Das neutrale Element ist die 0 (denn $z + 0 = 0 + z = z$ für $z \in$ **Z**) und das inverse Element zu jeder ganzen Zahl z ist $-z$ (denn $z - z = -z + z = 0$). Ist das Verknüpfungszeichen + nennt man das neutrale Element deshalb auch in anderen Gruppen oft *Nullelement* (schreibt 0 statt e) und das inverse Element ein *negatives Element* (schreibt $-a$ statt a^{-1}) [BL]$_1$. (**N**,+) ist dagegen keine Gruppe, da z.B. zu $5 \in$ **N** kein inverses Element existiert: Es gibt keine natürliche Zahl n, sodass $5 + n = 0$.

Beispiel 2. (**R**\{0}, ·) ist auch eine abelsche Gruppe: Sie ist, wie aus Grundschulzeiten bekannt, natürlich assoziativ und kommutativ, das neutrale Element ist die 1 (denn $1 \cdot x = x \cdot 1 = x$) und das inverse Element zu $x \in$ **R** \ {0} ist $\frac{1}{x}$ (denn $x \cdot \frac{1}{x} = \frac{1}{x} \cdot x = 1$). Davon abgeleitet nennt man das neutrale Element

---

[1] Allgemein beschäftigt sich die Algebra mit der Untersuchung solcher Strukturen.

[2] D.h., dass die Verknüpfungen zweier beliebiger Elemente aus G wieder in G liegen.

[3] Es reicht sogar, hier und in (2.1.3) nur die linken Seiten der Gleichungen zu fordern, da aus ihnen schon die rechten folgen [BA]$_2$. Das soll hier jedoch nicht bewiesen werden.

wie oben auch bei anderen Gruppen oft *Einselement*, wenn das Verknüpfungszeichen · ist [BL]₂.

(**R**,·) ist dagegen keine Gruppe, da 0 kein inverses Element besitzt: Für alle $x \in$ **R** ist $0 \cdot x = 0 \neq 1$.

Aus den Gruppenaxiomen lassen sich weitere Eigenschaften folgern, die dann jede Gruppe erfüllt, sobald sie nur die Gruppenaxiome erfüllt. In Kapitel 3 wird sich zeigen, dass sie damit auch für Restklassen gelten. Diese sind beispielsweise [FG]₁:

1. Das neutrale Element e ist eindeutig bestimmt, denn für zwei neutrale Elemente e und $\acute{e}$ gilt nach (2.1.2) $\acute{e} = \acute{e} \circ e = e$. Ebenso ist das inverse Element zu einem bestimmten $a \in G$ eindeutig, denn für zwei inverse Elemente a^{-1} und $\acute{a}^{-1}$ zu a gilt: $a^{-1} \overset{(2.1.2)}{=} e \circ a^{-1} \overset{(2.1.3)}{=} (\acute{a}^{-1} \circ a) \circ a^{-1} \overset{(2.1.1)}{=} \acute{a}^{-1} \circ (a \circ a^{-1}) \overset{(2.1.3)}{=} \acute{a}^{-1} \circ e \overset{(2.1.2)}{=} \acute{a}^{-1}$.

2. Das inverse Element des inversen Elements zu a ist a selbst, also $(a^{-1})^{-1} = a$, denn sowohl $(a^{-1})^{-1}$ als auch a sind zu a^{-1} invers $((a^{-1})^{-1} \circ a^{-1} = e$ und $a \circ a^{-1} = e)$, sie müssen also nach Eigenschaft 1 identisch sein.

2.2 Ringe und Körper

Betrachtet man zwei Verknüpfungen auf einer Menge, so definiert man, aufbauend auf der Definition der Gruppe, Körper und Ringe als algebraische Strukturen.

Definition 2 (Ring und Körper [BL]₃/[FG]₂). *Ein* Ring *ist eine algebraische Struktur $(K,+,\cdot)$ aus einer Menge $K \neq \varnothing$ und zwei inneren Verknüpfungen $+: K \times K \to K$ und $\cdot: K \times K \to K$, für die gilt:*

(2.2.1) $(K,+)$ ist eine abelsche Gruppe.

(2.2.2) $(K \setminus \{0\},\cdot)$ ist assoziativ.

(2.2.3) $a \cdot (b + c) = a \cdot b + a \cdot c$ und $(a + b) \cdot c = a \cdot b + b \cdot c$ für alle $a, b, c \in K$ (Distributivgesetze).

Ist $(K \setminus \{0\},\cdot)$ sogar eine abelsche Gruppe, so nennt man $(K,+,\cdot)$ einen Körper.

Üblicherweise wird nach der Punkt-vor-Strich-Regel notiert und Punkte häufig weggelassen.

Im Übrigen muss das additiv neutrale Element 0 wie in (2.2.2) bei der multiplikativen Gruppe eines Körpers stets weggelassen werden, da $0 \cdot x$ für alle $x \in K$ stets 0 ist und 0 damit kein multiplikativ inverses Element mit $0 \cdot x = 1$ besitzen kann (vgl. Beispiel 2). Begründung: Für alle Körper gilt $0 \cdot x \overset{(2.1.2)}{=} (0 + 0) \cdot x \overset{(2.2.3)}{=} 0 \cdot x + 0 \cdot x$, weshalb $0 \cdot x$ additiv neutral bzw. gleich 0 sein muss.

Auch hier zwei Beispiele:

Beispiel 3. (**Z**,+,·) bildet mit der natürlichen Addition und Multiplikation einen Ring: Sie ist bekanntlich distributiv (z.B. $3 \cdot (2 + 4) = 3 \cdot 2 + 3 \cdot 4$) und assoziativ bezüglich der Multiplikation (z.B.

$3 \cdot (4 \cdot 5) = (3 \cdot 4) \cdot 5)$. Außerdem ist $(\mathbf{Z},+)$ nach Beispiel 1 eine abelsche Gruppe. Sie besitzt sogar das Einselement 1 und ist auch kommutativ bezüglich der Multiplikation, aber dennoch kein Körper, da z.B. $5 \in \mathbf{Z} \setminus \{0\}$ kein multiplikativ Inverses $a \in \mathbf{Z} \setminus \{0\}$ hat mit $5\,a = 1$.

Beispiel 4. Ein Beispiel für einen Körper ist $(\mathbf{R},+,\cdot)$ – ebenso wie $\mathbf{Q}$ oder $\mathbf{C}$ –, da $(\mathbf{R},+,\cdot)$ bekanntlich distributiv ist und sowohl $(\mathbf{R},+)$ als auch $(\mathbf{R} \setminus \{0\},\cdot)$ abelsche Gruppen sind (siehe Beispiele 1 und 2).

Es soll vorerst aber genug zum Thema algebraische Strukturen sein[4] und zum eigentlichen Thema zurückgekehrt werden, das v.a. gegen Ende des nächsten Kapitels mit dem bereits Erarbeitetem in Verbindung gebracht werden soll.

3 Kongruenz- und Restklassenrechnung

Um auch sinnvoll mit Resten rechnen zu können, bedarf es zuerst einiger Begriffsklärungen und -einführungen und deren Analyse. Sofern nichts anderes erwähnt wird, seien im folgenden Kapitel alle Variablen ganzzahlig. Grundlegende Terminologie [BP]$_2$:

Man sagt, m teilt a (in Zeichen: $m \mid a$), wenn $\frac{a}{m}$ ganz ist bzw. falls es ein $k \in \mathbf{Z}$ gibt mit $a = k \cdot m$. Als Rest von a bei Division durch m bezeichnet man die kleinste natürliche Zahl r (einschließlich 0), für die $a - r$ durch m teilbar ist (also $m \mid a - r$). Als kleinste natürliche Zahl, die obiger Bedingung unterliegt, ist r eindeutig und existiert wegen $m \mid a - a$ stets. r liegt sogar immer zwischen 0 und $m - 1$ [BP]$_3$. Wäre nämlich $r \geq m$, so wäre $r - m$ eine kleinere natürliche Zahl und auch $a - (r - m)$ durch a teilbar, r also nicht die kleinste. Ein Widerspruch. Dass z.B. alle ganzen Zahlen bei Division durch 4 den Rest 0, 1, 2 oder 3 lassen, ist auch anschaulich klar. -3 teilt also z.B. 12, da $\frac{12}{-3} = (-4) \in \mathbf{Z}$ und der Rest von 14 bei Division durch 4 ist 2, da $14 - 2 = 12$ durch 4 teilbar ist, $14 - 1$ und $14 - 0$ jedoch nicht. Findet sich r nicht so schnell, kann man auch einfach die Formel $r = a - [\frac{a}{m}] \cdot m$ benutzen.[5]

3.1 Der Begriff der Kongruenz

Beim Rechnen mit Resten interessiert an einer Zahl normalerweise nur ihr Rest, nicht aber die Zahl selbst. Rechnet man z.B. mit Wochentagen (siehe Einleitung), so interessiert nur der Rest bei Division durch 7: In 29 Tagen ist der gleiche Wochentag wie in 8 Tagen, da 29 und 8 beide den Rest 1 lassen

---

[4]Wie in 2.1 könnte man an dieser Stelle eine Reihe von Folgerungen aus den Ring-/Körperaxiomen machen, und würden zu dem Ergebnis gelangen dass man in allen Ringen bzw. Körpern im Großen und Ganzen so rechnen kann, wie man es aus den ganzen bzw. den rationalen Zahlen gewohnt ist (siehe z.B. [FG]$_3$). Das wäre jedoch für die Zwecke dieser Arbeit ein zu weit abschweifendes und umfangreiches Unterfangen.

[5]Genaueres in der 2. Anmerkung zum Java-Quelltext im Anhang (Beweis mit Hilfe der Kongruenzschreibweise!)

und sonst ja nur ganze Wochen vergehen. Wenn heute Montag ist, ist es also sowohl in 8 als auch in 29 Tagen Dienstag. In der Zahl 29 stecken überflüssige Informationen, die das Rechnen nur erschweren. Nur der Rest 1 ist wichtig. 29 und 8 sind also von diesem Standpunkt aus gesehen bei Division durch 7 „gleich" – Man sagt 29 ist kongruent (restgleich) zu 8 modulo 7.[6] Genauer:

Definition 3 (Kongruenz [BP]$_4$). *Sei m eine natürlich Zahl größer 0. Man sagt a ist kongruent zu b modulo m und schreibt a $\equiv$ b mod m, falls a und b bei Division durch m den selben Rest lassen bzw. falls m | (b − a)[7]. Andernfalls heißen a und b* inkongruent *modulo m (schreibe a $\not\equiv$ b mod m).*

Es ist also 29 $\equiv$ 8 mod 7, da beide Rest 1 bei Division durch 7 lassen (bzw. 29 − 8 = 21 durch 7 teilbar ist) und genauso 8 $\equiv$ 1 mod 7. Man sieht schnell, dass dann auch 8 $\equiv$ 29 mod 7, 29 $\equiv$ 1 mod 7 und 1 $\equiv$ 1 mod 7. Dahinter stecken drei wichtige Eigenschaften der Relation $\equiv$. Sie ist

- *reflexiv*, d.h. $a \equiv a$ mod m stets, da $m | (a - a)$.

- *symmetrisch*, d.h., aus $a \equiv b$ mod m folgt $b \equiv a$ mod m, da m mit $a - b$ auch $b - a = -(a - b)$ teilt.

- *transitiv*, d.h., aus $a \equiv b$ mod m und $b \equiv c$ mod m folgt schon $a \equiv c$ mod m, da m mit $a - b$ und $b - c$ auch deren Summe $(a - b) + (b - c) = a - c$ teilt bzw. da, wenn a und b und ebenso b und c den selben Rest bei Division durch m lassen, a und c auch den selben Rest lassen.

Eine Relation, die diese Eigenschaften erfüllt, nennt man auch *Äquivalenzrelation* [FG]$_4$. Ein weiteres Beispiel für eine Äquivalenzrelation ist das wohl bekannte =.

3.2 Der Begriff der Restklasse

Eine Zahl ist insbesondere stets zu ihrem Rest kongruent, da offensichtlich beide den selben Rest lassen. Es ist also z.B. 5 $\equiv$ 1 mod 4, da 5 bei Division durch 4 Rest 1 lässt bzw. da 4 | (5 − 1). Genauso ist 9 $\equiv$ 1 mod 4 und auch alle weiteren Zahlen mit Rest 1 bei Division durch 4: 1 $\equiv$ 5 $\equiv$ 9 $\equiv$ 13 $\equiv$ ... mod 4. Entsprechend ist 2 $\equiv$ 6 $\equiv$ 10 $\equiv$ 14 $\equiv$ ..., 3 $\equiv$ 7 $\equiv$ 11 $\equiv$ 15 $\equiv$ ... und 0 $\equiv$ 4 $\equiv$ 8 $\equiv$ 12 $\equiv$ ... mod 4. Hierdurch lassen sich alle natürlichen (bzw. ganzen) Zahlen eindeutig in vier Klassen aufteilen, da sie, wie bereits am Anfang dieses Kapitels erwähnt, bei Division durch 4 entweder den Rest 0, 1, 2 oder 3 lassen. Das führt auf den Begriff der Restklasse.

---

[6]lat. congruens: übereinstimmend, modus: Maß [LA]. *Kongruent modulo 7* meint wörtlich also *gleich, gemessen an 7.*
[7]Das bedeutet das gleiche [BP]$_5$, ist aber oft schöner nachzuweisen.

Definition 4 (Restklasse [SH]$_1$). *Die Menge $a \bmod m := \{x \in \mathbf{Z} : a \equiv x \mod m\} = \{a + zm : z \in \mathbf{Z}\}$* *(häufig auch $a + m\mathbf{Z}$ geschrieben), also die Menge aller ganzen Zahlen, die den selben Rest wie a bei* *Division durch m lassen, heißt die* Restklasse *a modulo m.*

Ist klar, modulo welcher Zahl gerechnet wird, schreibt man auch kurz $\bar{a}$ für die Menge $a \bmod m$ [PF]$_1$. Beim obigen Beispiel modulo 4 gibt es also die vier Restklassen $\bar{0} = \{..., -4, 0, 4, 8, ...\}$, $\bar{1} = \{..., -3, 1, 5, 9, ...\}$, $\bar{2} = \{..., -2, 2, 6, 10, ...\}$ und $\bar{3} = \{..., -1, 3, 7, 11, ...\}$. $\overline{10}$ ist keine neue Restklasse, sondern gleich $\bar{2}$, da bei Division durch 4 sowohl 2 als auch 10 den Rest 2 lassen und somit in beiden Fällen die Menge aller Zahlen, die den Rest 2 lassen, beschrieben wird. Allgemeiner ist $(a \bmod m) = (b \bmod m)$ bzw. $\bar{a} = \bar{b}$ genau dann der Fall, wenn $a \equiv b \mod m$. Da ja alle Zahlen den Rest 0, 1, 2, oder 3 lassen, gibt es damit keine weiteren Restklassen modulo 4. Die folgende Tabelle zeigt die Unterteilung der natürlichen Zahlen bis 20 in diese 4 Restklassen.

$n \in \mathbf{N}$	1	2	3	4	5	6	7	8	9	10	11	12	13	14	15	16	17	18	19	20
Restklasse modulo 4	$\bar{1}$	$\bar{2}$	$\bar{3}$	$\bar{0}$	$\bar{1}$	$\bar{2}$	$\bar{3}$	$\bar{0}$	$\bar{1}$	$\bar{2}$	$\bar{3}$	$\bar{0}$	$\bar{1}$	$\bar{2}$	$\bar{3}$	$\bar{0}$	$\bar{1}$	$\bar{2}$	$\bar{3}$	$\bar{0}$

Die Verteilung der ganzen Zahlen auf die 4 Restklassen modulo 4 ist offensichtlich periodisch. Das gilt natürlich nicht nur für Division durch 4. Ebenso kann man die ganzen Zahlen in m Restklassen bei Division durch ein beliebiges $m \in \mathbf{N}$ unterteilen.

Es soll nun mit den Restklassen und Kongruenzen gerechnet werden.

3.3 Addition und Multiplikation modulo m

Vorab zwei zentrale Rechenregeln [BP]$_6$:

(3.3.1) Ist $a \equiv \acute{a}$ und $b \equiv \acute{b}$, so ist auch $a + b \equiv \acute{a} + \acute{b} \mod m$.

(3.3.2) Ist $a \equiv \acute{a}$ und $b \equiv \acute{b}$, so ist auch $ab \equiv \acute{a}\acute{b}$ und ebenso $a^n \equiv \acute{a}^n \mod m$ für $n \in \mathbf{N}$.

In Worten heißt das, dass Summe/Produkt zweier Zahlen kongruent zu Summe/Produkt zweier kongruenter Zahlen ist. D.h., da 8 und 29, genauso wie 3 und 17, je den selben Rest bei Division durch 7 lassen (1 bzw. 3), auch $17 + 29 = 46$ den selben Rest wie $3 + 8 = 11$ und $17 \cdot 29 = 493$ den gleichen Rest wie $3 \cdot 8 = 24$ lässt. Anders gesagt: Aus $8 \equiv 29$ und $3 \equiv 17$ folgt $8 + 3 \equiv 29 + 17$ und $8 \cdot 3 \equiv 29 \cdot 17$ mod 7. Das kann einem das Rechnen wesentlich vereinfachen, wie diese Rechnung modulo 5 zeigt:

$$46 \cdot (20 + 7 \cdot 103) \overset{\substack{103 \equiv 3 \\ 7 \equiv 2}}{\equiv} 46 \cdot (20 + 2 \cdot 3) = 46 \cdot (20 + 6) \overset{\substack{6 \equiv 1 \\ 20 \equiv 0}}{\equiv} 46 \cdot (0 + 1) \overset{46 \equiv 1}{\equiv} 1 \cdot 1 = 1 \mod 5.$$

Man kann also herausfinden, dass der Term $46 \cdot (20 + 7 \cdot 103)$ bei Division durch 5 den Rest 1 lässt, ohne seinen Wert berechnen zu müssen. Zum Beweis dieser Rechenregeln siehe Anhang.

Man kann aber auch mit den Resten selbst, genauer gesagt mit den Restklassen rechnen, indem man eine Addition $\oplus$ und eine Multiplikation $\otimes$ von Restklassen in Anlehnung an die natürliche Addition und Multiplikation ganzer Zahlen definiert [PF]$_2$:

$\oplus$: $(a \bmod m) \oplus (b \bmod m) := (a + b \bmod m)$ bzw. $\bar{a} \oplus \bar{b} = \overline{a + b}$

$\otimes$: $(a \bmod m) \otimes (b \bmod m) := (a \cdot b \bmod m)$ bzw. $\bar{a} \otimes \bar{b} = \overline{a \cdot b}$

Beispielsweise ist modulo 4 also $\bar{3} \oplus \bar{2} = \bar{5} = \bar{1}$ (jeweils die Menge aller Zahlen die bei Division durch 4 den Rest 1 lassen). Da es nur 4 Restklassen modulo 4 (allg. n Stück mod n) gibt, gibt es auch nur $4 \cdot 4$ (bzw. $n \cdot n$), also endlich viele, mögliche Additionen und Multiplikationen in der Menge der Restklassen modulo 4 (bzw. mod n) – im Gegensatz zur natürlichen Addition/Multiplikation auf $\mathbf{Z}$. Sie können daher in einer Additions-/Multiplikationstabelle dargestellt werden:

$\oplus$	$\bar{0}$	$\bar{1}$	$\bar{2}$	$\bar{3}$
$\bar{0}$	$\bar{0}$	$\bar{1}$	$\bar{2}$	$\bar{3}$
$\bar{1}$	$\bar{1}$	$\bar{2}$	$\bar{3}$	$\bar{0}$
$\bar{2}$	$\bar{2}$	$\bar{3}$	$\bar{0}$	$\bar{1}$
$\bar{3}$	$\bar{3}$	$\bar{0}$	$\bar{1}$	$\bar{2}$

$\otimes$	$\bar{0}$	$\bar{1}$	$\bar{2}$	$\bar{3}$
$\bar{0}$	$\bar{0}$	$\bar{0}$	$\bar{0}$	$\bar{0}$
$\bar{1}$	$\bar{0}$	$\bar{1}$	$\bar{2}$	$\bar{3}$
$\bar{2}$	$\bar{0}$	$\bar{2}$	$\bar{0}$	$\bar{2}$
$\bar{3}$	$\bar{0}$	$\bar{3}$	$\bar{2}$	$\bar{1}$

Additionstabelle modulo 4   Multiplikationstabelle modulo 4

Der Eintrag vierte Zeile, fünfte Spalte in der rechten Tabelle bedeutet z.B., dass $\bar{2} \otimes \bar{3} = \overline{2 \cdot 3} = \bar{6} = \bar{2}$. Addition und Multiplikation sind sinnvoll definiert. Sie führen nämlich zu keinem Widerspruch: Wählt man statt a einen anderen Repräsentanten der Restklasse $\bar{a}$, ein $\acute{a} \equiv a \bmod m$ (d.h. $\bar{\acute{a}} = \bar{a}$) und statt b ein $\acute{b} \equiv b \bmod m$ (d.h. $\bar{\acute{b}} = \bar{b}$), so wäre es ein Widerspruch, wenn $\bar{a} \oplus \bar{b} \neq \bar{\acute{a}} \oplus \bar{\acute{b}}$. Aufgrund der Rechenregel (3.3.1) ist dies aber nicht der Fall, denn nach Definition ist $\bar{a} \oplus \bar{b} = \overline{a + b}$ und $\bar{\acute{a}} \oplus \bar{\acute{b}} = \overline{\acute{a} + \acute{b}}$. Wegen $a \equiv \acute{a}$ und $b \equiv \acute{b} \bmod m$ ist nach der Rechenregel aber auch $a + b \equiv \acute{a} + \acute{b} \bmod m$ und damit $\overline{a + b} = \overline{\acute{a} + \acute{b}}$. Beispielsweise ist $7 \equiv 2 \bmod 5$ und $8 \equiv 3 \bmod 5$, also $\bar{7} = \bar{2}$ und $\bar{8} = \bar{3}$ (modulo 5), und dann sinnvollerweise auch $\bar{7} \oplus \bar{8} = \bar{2} \oplus \bar{3} \,(= \bar{1})$. Dank (3.3.2) verhält sich die Multiplikation analog. Addition und Multiplikation sind also unabhängig von der Wahl der Restklassenrepräsentanten a und b [SH]$_2$. Die Verknüpfungen sind daher *wohldefiniert*.

In der Praxis rechnet man jedoch meist mit Kongruenzen. Obiges Konstrukt ist eher theoretischer Natur, soll aber im nächsten Abschnitt dazu dienen, die algebraische Systematik hinter der Restrechnung zu entdecken. Zur Veranschaulichung soll trotzdem noch das kleine Beispiel der Wochentagerechnung auf Restklassenoperationen übertragen werden: Ordnet man der Menge aller Montage die Restklasse $\bar{1}$, ... und der der Sonntage die Restklasse $\bar{7} = \bar{0}$ modulo 7 zu, so ist, wenn heute Donnerstag ist, in 29 Tagen Freitag, da Donnerstag $\bar{4}$ entspricht, 29 in $\bar{1}$ liegt, $\bar{4} \oplus \bar{1} = \overline{4 + 1} = \bar{5}$ ist und diese Restklasse dem Freitag entspricht. Ebenso kann man die Uhrzeiten als Restklassen modulo 24 interpretieren.

3.4 Restklassenringe

Um im vorherigen Abschnitt eine algebraische Struktur zu erkennen, betrachtet man die Menge aller Restklassen modulo m, nämlich $\mathbf{Z}_m := \{\overline{0}, \overline{1}, ..., \overline{m-1}\}$ mit den oben definierten inneren Verknüpfungen $\oplus$ und $\otimes$. Obwohl $\mathbf{Z}_m$ im Gegensatz zu $\mathbf{Z}$ endlich ist, gilt interessanterweise auch hier:

$(\mathbf{Z}_m, \oplus, \otimes)$ *ist ein kommutativer Ring mit 1-Element* [BP][7].

Beweis von (2.2.1): $(\mathbf{Z}_m, \oplus)$ ist eine abelsche Gruppe, denn sie ist

- assoziativ, da $\overline{a} \oplus (\overline{b} \oplus \overline{c}) = \overline{a} \oplus \overline{(b+c)} = \overline{a+(b+c)} \stackrel{(\mathbf{Z},+)\,assoziativ}{=} \overline{(a+b)+c} = \overline{a+b} \oplus \overline{c} = (\overline{a} \oplus \overline{b}) \oplus \overline{c}$.

- kommutativ, da $\overline{a} \oplus \overline{b} = \overline{a+b} \stackrel{(\mathbf{Z},+)\,kommutativ}{=} \overline{b+a} = \overline{b} \oplus \overline{a}$.

- besitzt das neutrale Element $\overline{0}$: $\overline{a} \oplus \overline{0} = \overline{a+0} = \overline{a}$

- besitzt zu jedem Element $\overline{a}$ das inverse Element $\overline{a}^{-1} = \overline{-a}$: $\overline{a} \oplus \overline{-a} = \overline{a-a} = \overline{0}$

... von (2.2.2): $(\mathbf{Z}_m \setminus \{\overline{0}\}, \otimes)$ ist assoziativ, denn

$$\overline{a} \otimes (\overline{b} \otimes \overline{c}) = \overline{a} \otimes \overline{(b \cdot c)} = \overline{a \cdot (b \cdot c)} \stackrel{(\mathbf{Z}, \cdot)\,assoziativ}{=} \overline{(a \cdot b) \cdot c} = \overline{a \cdot b} \otimes \overline{c} = (\overline{a} \otimes \overline{b}) \otimes \overline{c}.$$

... von (2.2.3): Es gelten die Distributivgesetze:

- $\overline{a} \otimes (\overline{b} \oplus \overline{c}) = \overline{a} \otimes \overline{b+c} = \overline{a \cdot (b+c)} \stackrel{D.G.\,in\,(\mathbf{Z},+,\cdot)}{=} \overline{ab+ac} = \overline{ab} \oplus \overline{ac} = (\overline{a} \otimes \overline{b}) \oplus (\overline{a} \otimes \overline{c})$

- $(\overline{a} \oplus \overline{b}) \otimes \overline{c} = \overline{a+b} \otimes \overline{c} = \overline{(a+b) \cdot c} \stackrel{D.G.\,in\,(\mathbf{Z},+,\cdot)}{=} \overline{ac+bc} = \overline{ac} \oplus \overline{bc} = (\overline{a} \otimes \overline{c}) \oplus (\overline{b} \otimes \overline{c})$

Damit ist $(\mathbf{Z}_m, \oplus, \otimes)$ ein Ring. Er ist weiter kommutativ, da $\overline{a} \otimes \overline{b} = \overline{ab} \stackrel{(\mathbf{Z}, \cdot)\,kommutativ}{=} \overline{ba} = \overline{b} \otimes \overline{a}$, und besitzt das 1-Element $\overline{1}$: $\overline{1} \otimes \overline{a} = \overline{1a} = \overline{a}$. □

$(\mathbf{Z}_m, \oplus, \otimes)$ hat seine Eigenschaften also sozusagen von $(\mathbf{Z}, +, \cdot)$ geerbt und man kann mit Restklassen, der Addition $\oplus$ und der Multiplikation $\otimes$ prinzipiell wie mit ganzen Zahlen rechnen (vgl. Beispiel 3). Insbesondere gelten für die abelsche Gruppe $(\mathbf{Z}_m, \oplus)$ auch die explizit erwähnten Folgerungen 1 und 2 aus Abschnitt 2.1. D.h., keine zweite Restklasse außer $\overline{0}$ ist additiv neutral und außer der Restklasse $\overline{-a}$ ist keine andere zu $\overline{a}$ invers: Aus $\overline{b} + \overline{a} = \overline{0}$ folgt schon $\overline{b} = \overline{-a}$. Außerdem ist $-(\overline{-a}) = \overline{a}$.

Die einzige Eigenschaft, die $(\mathbf{Z}_m, \oplus, \otimes)$ noch erfüllen müsste, um ein Körper zu sein, ist damit die Existenz von multiplikativ inversen Elementen. Wahrlich existiert ein solches z.B. in $\mathbf{Z}_4$ nicht immer: $\overline{3}$ besitzt zwar ein Inverses (nämlich sich selbst: $\overline{3} \otimes \overline{3} = \overline{1}$), $\overline{2}$ aber besitzt kein Inverses, denn weder mit $\overline{0}$ noch mit $\overline{1}$, $\overline{2}$ oder $\overline{3}$ multipliziert ergibt sie $\overline{1}$ (siehe Multiplikationstabelle aus 3.3). Es gibt aber auch $m \in \mathbf{N}$ sodass $(\mathbf{Z}_m, \oplus, \otimes)$ ein Körper ist, also jede Restklasse (außer $\overline{0}$) eine multiplikativ inverse Restklasse besitzt. Ein wichtiger Satz der Zahlentheorie besagt, dass dies genau dann der Fall ist, wenn m eine Primzahl ist [BP][8]. $(\mathbf{Z}_2, \oplus, \otimes)$ ist also mit nur zwei Elementen $\bar{0}$ und $\bar{1}$ der kleinstmögliche Körper den es gibt[8]. Er besteht nur aus 1- und 0-Element.

$\oplus$	$\bar{0}$	$\bar{1}$
$\bar{0}$	$\bar{0}$	$\bar{1}$
$\bar{1}$	$\bar{1}$	$\bar{0}$

Additionstabelle modulo 2

$\otimes$	$\bar{0}$	$\bar{1}$
$\bar{0}$	$\bar{0}$	$\bar{0}$
$\bar{1}$	$\bar{0}$	$\bar{1}$

Multiplikationstabelle modulo 2

3.5 Rechenbeispiele

Von den Restklassenoperationen aber jetzt wieder zurück zu den Kongruenzen, mit denen man – wie bereits erwähnt – wesentlich leichter umgehen kann. Es folgen drei mathematische Spielereien die Ihnen den Umgang mit der Modulo-Rechnung etwas näher bringen sollen.

3.5.1 Ein kleines Geburtstags-Experiment

Um spaßeshalber der Frage nachzugehen, ob es denn wahrscheinlicher sei an bestimmten Wochentagen geboren zu werden als an anderen[9], werden hier die Geburtsdaten der Kursteilnehmer 3M1 und 3M2 des Friedrich-Koenig-Gymnasiums im Schuljahr 2010/11 gesammelt. Die Kongruenzrechnung soll dann helfen, daraus die Wochentage ihrer Geburt zu errechnen. Bei der Rechnung wird o.B.d.A. davon ausgegangen, dass heute Sonntag, der 19. September 2010 ist.

Ausführliches Beispiel: Person Nr. 7 ist am 8.7.1991 geboren. Bis heute sind also 19 Jahre (davon 5 Schaltjahre), 2 Monate (Juli, August mit je 31 Tagen) und 11 Tage (vom 8. bis 15.9.), insgesamt also $19 \cdot 365 + 5 + 2 \cdot 31 + 11 = 7013$ Tage vergangen. Durch Probieren oder mit $r = 7013 - [\frac{7013}{7}] \cdot 7$ findet man den Rest $r = 6$ von 7013 bei Division durch 7, also $7013 \equiv 6 \mod 7$. Ihre Geburt ist damit einige ganze Wochen und 6 Tage her. Sie ist also 6 Wochentage vor Sonntag geboren, d.h. an einem Montag.

Fährt man mit allen Geburtsdaten so fort, ergibt sich folgende Tabelle:

---

[8]Ein Körper K mit nur einem Element kann unmöglich existieren, da dann $K \setminus \{0\}$ leer wäre und die Definition des Körpers keinen Sinn gäbe.

[9]Das ist nicht einmal so abwegig, da die Geburten teilweise beeinflussbar sind (z.B. Kaiserschnitt) und sonntags höhere Kosten verursachen. Tatsächlich zeigte eine Untersuchung des Biologen Alexander Lerchl, dass der Anteil der Sonntagskinder immer mehr zurückgeht [RA].

Person Nr.	geboren am	Alter in Tagen	Rest mod 7	Wochentag der Geburt
...	...	...	...	...
6	14.05.1991	7068	5	Dienstag
7	08.07.1991	7013	6	Montag
8	11.07.1991	7010	3	Donnerstag
9	25.07.1991	6996	3	Donnerstag
...	...	...	...	...

Zur vollständigen Tabelle siehe Anhang. Die Verteilung der Geburten auf die Wochentage ist:

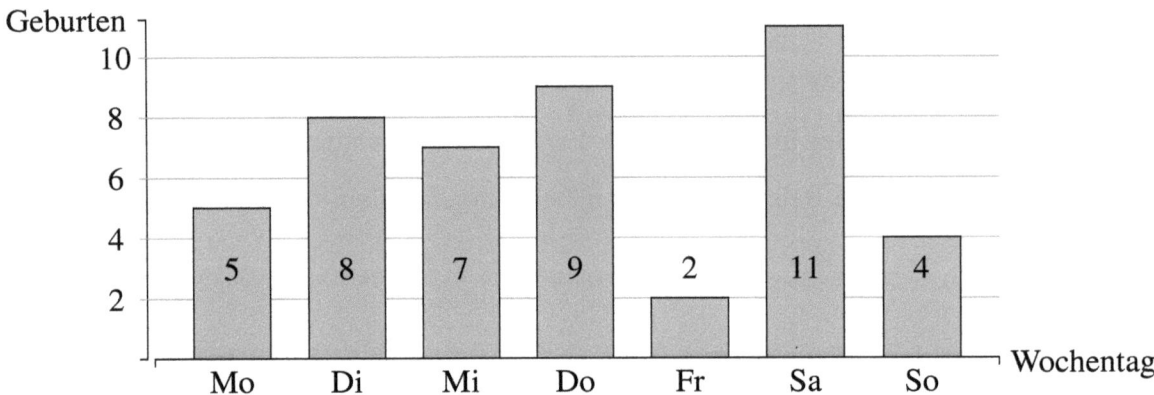

Natürlich ist diese Statistik aufgrund der geringen Personenzahl und der einheitlichen Altersstufe nicht repräsentativ. Bei einem Durchschnitt von etwa 6,5 Geburten[10] pro Wochentag in unseren Kursen, stechen der Freitag mit nur 2 und der Samstag mit 11 (also mehr als 5 mal so vielen) Geburten allerdings sehr stark heraus. Eine mögliche Begründung bleibt der Phantasie des Lesers überlassen.

3.5.2 Die letzten Dezimalstellen großer Zahlen

Der Taschenrechner ist dafür geeignet große Zahlen ungefähr anzugeben, d.h. beispielsweise auf die ersten 10 Stellen genau (wobei die letzte gerundet ist). Interessieren aber aus verschiedenen Gründen die letzten Stellen, so hilft die Modulo-Rechnung. Die letzte Stelle entspricht nämlich dem Rest bei Division durch 10, die letzten beiden Stellen dem Rest bei Division durch 100, ... Die Zahl 11^{11} zeigt der Taschenrechner z.B. in der Form $2,853116706 \cdot 10^{11}$, es fehlen also zwei Dezimalstellen (dann ist auch klar, ob auf- oder abgerundet wurde). Dank der Rechenregel (3.3.2) lassen sich diese einfach berechnen: $11^{11} = 11 \cdot (11^2)^5 = 11 \cdot 121^5 \equiv 11 \cdot 21^5 = 11 \cdot 21 \cdot (21^2)^2 = 231 \cdot 441^2 \equiv 31 \cdot 41^2 = 31 \cdot 1681 \equiv 31 \cdot 81 = 2511 \equiv 11 \mod 100$. 11^{11} lässt also Rest 11 bei Division durch 100, die letzten beiden Dezimalstellen sind damit jeweils 1. Offensichtlich wurde abgerundet. Der

---

[10]Interessanterweise gibt es hier tatsächlich unterdurchschnittlich viele Sonntagskinder.

exakte Wert ist also 285311670611. Man kann aber auch ohne große Hilfsmittel die letzten Ziffern von Zahlen berechnen, die zu groß für die meisten Taschenrechner sind. 987^{6543} ist eine etwa 20000-stellige Zahl. Die letzte Ziffer dieser Zahl berechnet sich mit einem schlichten Taschenrechner aus

$$987^{6543} \equiv 7^{6543} = (7^9)^{727} = 40353607^{727} \equiv 7^{727} = 7 \cdot 7^{726} = 7 \cdot (7^6)^{121} = 7 \cdot 117649^{121} \equiv 7 \cdot 9^{121} =$$

$$7 \cdot 9 \cdot (9^4)^{30} = 63 \cdot 6561^{30} \equiv 3 \cdot 1^{30} = 3 \mod 10.$$ Sie ist also 3. Derartige Aufgaben findet man auch oft in Mathematik-Wettbewerben (siehe z.B. Känguru der Mathematik 2010, Jg. 11-13, Aufgabe 8).

3.5.3 Die Fermat-Zahl F_5

Von zentraler Bedeutung in der Zahlentheorie (und nicht nur dort) sind die Primzahlen, die multiplikativen Bausteine von $\mathbf{Z}$ [BP]$_9$ (und damit sogar von $\mathbf{Q}$). Schon um 300 v.Chr. bewies EUKLID, dass es unendlich viele Primzahlen gibt [BP]$_{10}$ und bis heute wird darum gewetteifert, wer die größere von ihnen finden kann. Der Rekord liegt derzeit bei etwa 10 Millionen Stellen [GP]. Ein „Rezept" zur Primzahlenkonstruktion kennt niemand. Hierzu eine kleine mathematische Anekdote [BP]$_{11}$: Unter den *Fermat-Zahlen* versteht man die Zahlen $F_n = 2^{2^n} + 1$ ($n = 0, 1, 2, ...$). FERMAT äußerte 1640 die Vermutung, dass alle diese Zahlen Primzahlen seien. Damit würden sie beliebig große Primzahlen liefern. Für die ersten fünf, nämlich 3, 5, 17, 257 und 65537, trifft die Vermutung auch zu, er schien jedoch nicht weiter gerechnet zu haben. Denn schon F_5 ist durch 641 teilbar. Es ist nämlich

$$2^{2^5} = 2^{32} = (2^{16})^2 = 65536^2 = ((102 \cdot 641) + 154)^2 \equiv 154^2 = 23716 = 36 \cdot 641 + 640 \equiv 640 \mod 641$$

also $2^{32} + 1$ durch 641 teilbar. Das fiel jedoch erst EULER etwa 100 Jahre später auf. Der Teiler war wohl entweder ohne Taschenrechner sehr schwer zu finden oder das, was heute schon Paradedisziplin unter den Mathematikern ist, war derzeit völlig uninteressant.

4 Zwei ausgewählte Anwendungen

Es folgen nun zwei größere Anwendungen zum Thema Restrechnung. Nach einer Sammlung von Teilbarkeitsregeln, die dem Leser vielleicht schon teilweise bekannt sind, soll auch noch mal genauer auf das gerade angerissene Problem der Primzahlfindung eingegangen werden.

4.1 Teilbarkeitsregeln bis 15

In diesem Abschnitt werden Ihnen einige Teilbarkeitsregeln vorgestellt, die es erleichtern festzustellen, ob eine Zahl durch eine andere teilbar ist. Die wohl bekannteste von ihnen ist die Quersummenregel bei Division durch 3 oder 9, es lassen sich aber auch zu anderen Teilern entsprechende Regeln finden, die (wie bei 9) manchmal viel nützen, manchmal aber auch (wie bei 7) Geschmackssache sind.

Hier eine Auflistung der Regeln bis 15 mit anschließendem Beweis und Beispiel (sofern nicht trivial):

Folgend sei n eine beliebige m-stellige natürliche Zahl mit den Ziffern $a_1, a_2, \ldots, a_m \in \{0, 1, 2, 3, 4, 5, 6, 7, 8, 9\}$, also $n = \sum_{i=1}^{m} a_i \cdot 10^{i-1} = a_1 + 10a_2 + 100a_3 + \ldots + 10^{m-1}a_m$.

$\underline{2}$ n ist genau dann durch 2 teilbar bzw. *gerade*, wenn ihre letzte Ziffer durch 2 teilbar ist, also wenn $a_1 \in \{0, 2, 4, 6, 8\}$.

Beweis: Da $10^{i-1} \equiv 0 \mod 2$ für $i \in \mathbf{N} \setminus \{1\}$, ist $n = \sum_{i=1}^{m} a_i \cdot 10^{i-1} \equiv a_1 \mod 2$. D.h. $2 \mid n \Leftrightarrow n \equiv 0 \mod 2 \Leftrightarrow a_1 \equiv 0 \mod 2 \Leftrightarrow 2 \mid a_1$.

$\underline{3}$ n ist genau dann durch 3 teilbar, wenn ihre Quersumme $\sum_{i=1}^{m} a_i$ durch 3 teilbar ist.

Beweis: Mit $10 \equiv 1 \mod 3$ gilt $n = \sum_{i=1}^{m} a_i \cdot 10^{i-1} \equiv \sum_{i=1}^{m} a_i \cdot 1^{i-1} = \sum_{i=1}^{m} a_i$. D.h. $3 \mid n \Leftrightarrow n \equiv 0 \mod 3 \Leftrightarrow \sum_{i=1}^{m} a_i \equiv 0 \mod 3 \Leftrightarrow 3 \mid \sum_{i=1}^{m} a_i$.

Beispiel: Wie auch viele der folgenden Regeln lässt sich diese natürlich beliebig oft hintereinander anwenden. 6690618567 ist z.B. durch 3 teilbar, denn ihre Quersumme ist $6+6+9+6+1+8+5+6+7 = 54$ und deren Quersumme wiederum 9, also offensichtlich durch 3 teilbar. $2+3+4+5 = 14$ ist dagegen kein Vielfaches von 3 und daher ist weder 2345, noch 2543, noch 5423, noch ... durch 3 teilbar.

$\underline{4}$ n ist genau dann durch 4 teilbar, wenn es auch $10a_2 + a_1$, also die Zahl aus ihren letzten beiden Ziffern, ist.

Beweis: Wegen $100 \equiv 0 \mod 4$ ist $n = \sum_{i=1}^{m} a_i \cdot 10^{i-1} = \sum_{i=3}^{m} a_i \cdot 10^{i-1} + 10a_2 + a_1 = 100 \cdot \sum_{i=3}^{m} a_i \cdot 10^{i-3} + 10a_2 + a_1 \equiv 0 \cdot \sum_{i=3}^{m} a_i \cdot 10^{i-3} + 10a_2 + a_1 = 10a_2 + a_1 \mod 4$. D.h. $4 \mid n \Leftrightarrow n \equiv 0 \mod 4 \Leftrightarrow 10a_2 + a_1 \equiv 0 \mod 4 \Leftrightarrow 4 \mid (10a_2 + a_1)$.

Beispiel: 156102 ist wie 2 nicht durch 4 teilbar, 156148 und 7777748 zusammen mit 48 aber schon.

$\underline{5}$ n ist genau dann durch 5 teilbar, wenn ihre letzte Ziffer a_1 durch 5 teilbar, also 0 oder 5 ist.

Beweis: Da $10^{i-1} \equiv 0 \mod 5$ für $i \in \mathbf{N} \setminus \{1\}$, ist $n = \sum_{i=1}^{m} a_i \cdot 10^{i-1} \equiv a_1 \mod 5$. D.h. $5 \mid n \Leftrightarrow n \equiv 0 \mod 5 \Leftrightarrow a_1 \equiv 0 \mod 5 \Leftrightarrow 5 \mid a_1$.

$\underline{6}$ n ist genau dann durch 6 teilbar, wenn sie durch 2 *und* 3 teilbar ist.

Beweis: Ist n durch 6 teilbar, so existiert ein $k \in \mathbf{N}$ mit $n = 6k$. Dann gilt für die natürlichen Zahlen $k_1 = 2k$ und $k_2 = 3k$, dass $n = 6k = 3k_1 = 2k_2$, n ist also durch 3 und durch 2 teilbar. Gilt umgekehrt

$2 \mid n$ und $3 \mid n$, so existiert $k_1 \in \mathbb{N}$ mit $n = 3 k_1$, da $3 k_1$ durch 2 teilbar ist, 3 jedoch teilerfremd zu 2 ist, muss k_1 durch 2 teilbar sein, d.h. es gibt ein k_2 mit $k_1 = 2 k_2$ und damit $n = 3 k_1 = 3 \cdot 2 k_2 = 6 k_2$. n ist also durch 6 teilbar.

Beispiel: Jetzt lassen sich die Teilbarkeitsregeln zu 2 und 3 anwenden: Obwohl 10064 gerade ist, ist sie nicht durch 6 teilbar, weil ihre Quersumme 11 nicht durch 3 teilbar ist. Selbst mit der Quersumme 12 ist 10065 auch nicht durch 6 teilbar, weil ihre letzte Ziffer nicht durch 2 teilbar ist. 10062 ist durch 6 teilbar, da ihre letzte Ziffer 2 durch 2 und ihre Quersumme 9 durch 3 teilbar ist.

$\underline{\overline{7}}$ $n = \sum\limits_{i=1}^{m} a_i \cdot 10^{i-1}$ ist genau dann durch 7 teilbar, wenn es auch $m := \sum\limits_{i=2}^{m} a_i \cdot 10^{i-2} - 2 a_1$ ist.

Beweis: Es ist $n = \sum\limits_{i=1}^{m} a_i \cdot 10^{i-1} = \sum\limits_{i=2}^{m} a_i \cdot 10^{i-1} + a_1 = 10 \cdot \sum\limits_{i=2}^{m} a_i \cdot 10^{i-2} + a_1 = 10 \cdot (\sum\limits_{i=2}^{m} a_i \cdot 10^{i-2} - 2 a_1) + 20 a_1 + a_1 = 10 m + 21 a_1 \equiv 3 m + 0 a_1 = 3 m \mod 7$. n ist also genau dann durch 7 teilbar, wenn $3 m$ durch 7 teilbar ist, was wiederum gleichbedeutend mit $7 \mid m$ ist, da 3 und 7 teilerfremd sind.

Beispiel: 697221 ist durch 7 teilbar, denn $7 \mid 697221 \Leftrightarrow 7 \mid (69722 - 2 \cdot 1)$ bzw. $7 \mid 69720 \Leftrightarrow 7 \mid 6972 \Leftrightarrow 7 \mid 693 \Leftrightarrow 7 \mid 63$. 397945 ist nicht durch 7 teilbar, denn $7 \mid 397945 \Leftrightarrow 7 \mid 39784 \Leftrightarrow 7 \mid 3970 \Leftrightarrow 7 \mid 397 \Leftrightarrow 7 \mid 25 \nmid$.

$\underline{\overline{8}}$ n ist genau dann durch 8 teilbar, wenn die Zahl aus ihren letzten drei Ziffern

$\qquad 100 a_3 + 10 a_2 + a_1$ durch 8 teilbar ist.

Beweis: Wegen $1000 \equiv 0 \mod 8$ ist $n = \sum\limits_{i=1}^{m} a_i \cdot 10^{i-1} = \sum\limits_{i=4}^{m} a_i \cdot 10^{i-1} + 100 a_3 + 10 a_2 + a_1 = 1000 \cdot \sum\limits_{i=4}^{m} a_i \cdot 10^{i-4} + 100 a_3 + 10 a_2 + a_1 \equiv 0 \cdot \sum\limits_{i=4}^{m} a_i \cdot 10^{i-4} + 100 a_3 + 10 a_2 + a_1 = 100 a_3 + 10 a_2 + a_1 \mod 8$. D.h. $8 \mid n \Leftrightarrow n \equiv 0 \mod 8 \Leftrightarrow 100 a_3 + 10 a_2 + a_1 \equiv 0 \mod 8 \Leftrightarrow 8 \mid (100 a_3 + 10 a_2 + a_1)$.

Beispiel: Da 336 durch 8 teilbar ist, ist es 74731336 auch, 3289461338 und 2338 wie 338 aber nicht.

$\underline{\overline{9}}$ n ist genau dann durch 9 teilbar, wenn ihre Quersumme $\sum\limits_{i=1}^{m} a_i$ durch 9 teilbar ist.

Beweis: Mit $10 \equiv 1 \mod 9$ gilt $n = \sum\limits_{i=1}^{m} a_i \cdot 10^{i-1} \equiv \sum\limits_{i=1}^{m} a_i \cdot 1^{i-1} = \sum\limits_{i=1}^{m} a_i$. D.h. $9 \mid n \Leftrightarrow n \equiv 0 \mod 9 \Leftrightarrow \sum\limits_{i=1}^{m} a_i \equiv 0 \mod 9 \Leftrightarrow 9 \mid \sum\limits_{i=1}^{m} a_i$.

Beispiel: $1 + 2 + 3 + 4 + 5 + 6 + 7 + 8 + 9 = 45$. 123456789 ist somit duch 9 teilbar, denn $9 \mid 123456789 \Leftrightarrow 9 \mid 45 \Leftrightarrow 9 \mid 9$. Genauso sind 987654321 oder 135792468 Vielfache von 9. 23456789 mit der Quersumme 45-1 ist dann nicht durch 9 teilbar.

$\underline{\overline{10}}$ n ist genau dann durch 10 teilbar, wenn ihre letzte Ziffer $a_1 = 0$ ist.

Beweis: $n = \sum\limits_{i=1}^{m} a_i \cdot 10^{i-1} = \sum\limits_{i=2}^{m} a_i \cdot 10^{i-1} + a_1 = 10 \cdot \sum\limits_{i=2}^{m} a_i \cdot 10^{i-2} + a_1 \equiv 0 \cdot \sum\limits_{i=2}^{m} a_i \cdot 10^{i-2} + a_1 = a_1 \mod 10$.

11 n ist genau dann durch 11 teilbar, wenn es auch ihre Querdifferenz $\pm \sum\limits_{i=1}^{m} (-1)^i a_i$ ist.

Beweis: Mit $10 \equiv -1 \mod 11$ gilt $n = \sum\limits_{i=1}^{m} a_i \cdot 10^{i-1} \equiv \sum\limits_{i=1}^{m} a_i \cdot (-1)^{i-1} = -\sum\limits_{i=1}^{m} a_i \cdot (-1)^i \mod 11$. D.h.

$11 \mid n \Leftrightarrow n \equiv 0 \mod 11 \Leftrightarrow \sum\limits_{i=1}^{m} a_i \cdot (-1)^i \equiv 0 \mod 11 \Leftrightarrow 11 \mid \sum\limits_{i=1}^{m} a_i \cdot (-1)^i$.

Beispiel: 546791234 ist durch 11 teilbar, weil $5 - 4 + 6 - 7 + 9 - 1 + 2 - 3 + 4 = 11$ durch 11 teibar ist, 11111 aber genauso wenig wie $1 - 1 + 1 - 1 + 1 = 1$.

12 n ist genau dann durch 12 teilbar, wenn sie durch 3 *und* 4 teilbar ist.

Beweis: Entsprechend Beweis zu Regel 6.

Beispiel: 156148 ist zwar wie 48 durch 4 teilbar, aber nicht durch 12, da ihre Quersumme 25 nicht durch 3 teilbar ist. 156156 dagegen schon, denn es ist sowohl 56 durch 4 als auch ihre Quersumme 24 durch 3 teilbar.

13 n ist genau dann durch 13 teilbar, wenn $+(a_1 + 10a_2 + 100a_3) - (a_4 + 10a_5 + 100a_6) +$
$(a_7 + 10a_8 + 100a_9) + (...) - (...) \pm ...$[11] durch 13 teilbar ist.

Beweis: Da $1000 \equiv -1 \mod 13$, ist $n = \sum\limits_{i=1}^{m} a_i \cdot 10^{i-1} = (a_1 + 10^1 a_2 + 10^2 a_3) + (10^3 a_4 + 10^4 a_5 + 10^5 a_6) +$
$(10^6 a_7 + 10^7 a_8 + 10^8 a_9) + ... = 1000^0 (a_1 + 10^1 a_2 + 10^2 a_3) + 1000^1 (a_4 + 10^1 a_5 + 10^2 a_6) + 1000^2 (a_7 + 10^1 a_8 +$
$10^2 a_9) + ... \equiv (-1)^0 (a_1 + 10^1 a_2 + 10^2 a_3) + (-1)^1 (a_4 + 10^1 a_5 + 10^2 a_6) + (-1)^2 (a_7 + 10^1 a_8 + 10^2 a_9) + ... =$
$(a_1 + 10a_2 + 100a_3) - (a_4 + 10a_5 + 100a_6) + (a_7 + 10a_8 + 100a_9) + (...) - (...) \pm ... \mod 11$. n ist also genau dann durch 11 teilbar, wenn der letzte Ausdruck durch n teilbar ist.

23456789 ist nicht durch 13 teilbar, denn $23 - 456 + 789 = 356$ ist auch nicht durch 13 teilbar. 4458597247 dagegen schon, da auch $4 - 458 + 597 - 247 = -104$ durch 13 teilbar ist.

14 n ist genau dann durch 14 teilbar, wenn sie durch 2 *und* 7 teilbar ist.

Beweis: Entsprechend Beweis zu Regel 6.

Beispiel: 697221 ist zwar wie bei dem Beispiel zu 7 gezeigt durch 7 teilbar, nicht aber durch 2, also auch nicht durch 14. 18452 ist durch 2 teilbar und, da $7 \mid 18452 \Leftrightarrow 7 \mid 1841 \Leftrightarrow 7 \mid 182 \Leftrightarrow 7 \mid 14$, auch durch 7, d.h. $14 \mid 18452$.

15 n ist genau dann durch 15 teilbar, wenn sie durch 3 *und* 5 teilbar ist.

Beweis: Entsprechend Beweis zu Regel 6.

Beispiel: Wie ihre Quersumme 36 ist 886725 mit der Endziffer 5 durch 3 teilbar und damit durch 15. 886700 dagegen nicht, da deren Quersumme 29 kein Vielfaches von 3 ist.

---

[11]Ergänze hier gegebenenfalls die letzte Dreiergruppe mit Nullen. Das ändert n nicht. Ob mit + oder - begonnen wird ist wie bei 11 auch hier egal, da ein Tausch nur den Übergang zum Negativen der Zahl bedeutet.

4.2 Der Fermatsche Primzahltest

Spiralförmige Anordnung der natürlichen Zahlen bis ca. 10000 [GG]. Ein helles Kästchen entspricht einer Primzahl, der Rest der Kästchen ist dunkel.

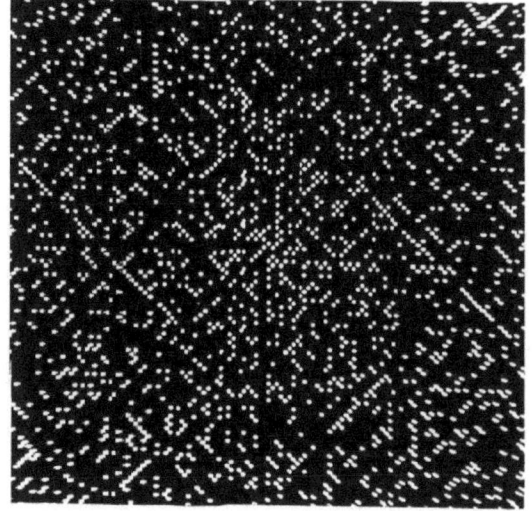

*Die weißen Punkte bilden kein fassbares Muster. Die Primzahlen scheinen völlig ungeordnet und unvorhersehbar in **N** verteilt zu sein.*

Wie versprochen, soll sich zum Schluss noch einmal ausführlicher dem Problem der Primzahlfindung gewidmet werden, und zwar mit Hilfe des fermatschen Primzahltests. Ob eine bestimmte Zahl eine Primzahl ist, ist ihr nämlich sehr schwer anzusehen. Woran soll man schließlich erkennen, ob 315798479512383 einen Teiler außer 1 und sich selbst hat oder nicht, ohne gleich wild loszudividieren? Eine Methode, die auch vom fermatschen Primzahltest verwendet wird, ist, die fragliche Zahl zuerst auf typische Eigenschaften einer Primzahl zu testen. Dadurch lassen sich die in Frage kommenden Zahlen bereits auf eine – je nach der Spezifität der Eigenschaft – mehr oder weniger kleine Menge eingrenzen. Grundlage für den Test ist der folgende Satz, der nach dem französischen Mathematiker Pierre de Fermat auch *Kleiner Fermatscher Satz* genannt wird:

Satz (Kleiner Fermat [BP][12]). *Für jede ganze Zahl a gilt:*

Ist p eine Primzahl, so ist $a^p \equiv a \mod p$ bzw. $a^p - a$ durch p teilbar.

Beweis (durch Induktion nach *a*): Sei *p* prim. Es gilt $0^p - 0 = 0 \equiv 0 \mod p$. Die Aussage gilt also für $a = 0$ (*Induktionsanfang*). Die Behauptung sei nun wahr für eine gewisse nichtnegative ganze Zahl *a* (*Induktionsvoraussetzung*), dann gilt sie auch für $a + 1$ (*Induktionsschritt*): Nach dem binomischen Lehrsatz[12] ist $(a + 1)^p - (a + 1) = \sum_{k=0}^{p} \binom{p}{k} 1^{p-k} a^k - (a + 1) = \binom{p}{0} a^0 + \sum_{k=1}^{p-1} \binom{p}{k} a^k + \binom{p}{p} a^p - (a + 1) = 1 + \sum_{k=1}^{p-1} \binom{p}{k} a^k + a^p - (a+1) = \sum_{k=1}^{p-1} \binom{p}{k} a^k + (a^p - a)$. Da $k! \cdot \binom{p}{k} = k! \cdot \frac{p!}{k!\,(p-k)!} = p\,(p-1)\,(p-2)...(p-k+1)$ offensichtlich durch *p* teilbar ist, *p* als Primzahl für $1 \le k \le p - 1$ aber kein Teiler von *k*! sein kann (sonst müsste *p* mit ihrem Produkt bereits eine der Zahlen 1, 2, ..., $p - 1$ teilen), muss $\binom{p}{k}$ für alle $k \in \{1, 2, ..., p - 1\}$ durch p teilbar sein. Außerdem gilt nach (Induktions-)Voraussetzung $p \mid (a^p - a)$. Damit teilt p jeden Summanden der obigen Summe, also auch die gesamte Summe $(a + 1)^p - (a + 1)$. Da die Behauptung für $a = 0$ bewiesen ist, gilt sie hiermit auch für 0+1=1 und damit für 1+1=2 und damit für 2+1=3 usw. Die Aussage ist also für alle nichtnegativen ganzen Zahlen bewiesen.

---

[12]In wohl jeder Schulformelsammlung findet man:
  Für beliebige reelle Zahlen *a* und *b* ist $(a + b)^n = \sum_{k=0}^{n} \binom{n}{k} a^{n-k} b^k$. [BM]

Die Aussage für negatives a folgt durch Übergang zu $(-a)$: Ist a negativ, so ist für $p = 2$ die Zahl $a^2 - a = (-a)^2 - (-a) - 2a$ auch durch 2 teilbar, da $(-a)$ positiv ist und somit 2 sowohl ein Teiler von $-2a$, als auch (wie gerade bewiesen) von $(-a)^2 - (-a)$ ist. Jede andere Primzahl p ist ungerade (sonst wäre sie ja durch 2 teilbar, also unmöglich prim) und somit $a^p - a = -(-a)^p + (-a) = -((-a)^p - (-a))$ genau wie $((-a)^p - (-a))$ mit positivem $(-a)$ durch p teilbar. $\square$

Bemerkung: Ist a kein Vielfaches von p, so ist die Aussage $a^{p-1} = \frac{a^p}{a} \equiv 1 \mod p$ äquivalent zum eben Bewiesenen [BP]$_{13}$. Ist a dagegen ausgerechnet ein Vielfaches von p, so ist für jedes p selbstverständlich auch a^{p-1} durch p teilbar, also $a^{p-1} \equiv 0 \not\equiv 1 \mod p$; die ursprüngliche Aussage ($a^p \equiv a \mod p$) gilt natürlich trotzdem.

Beispiele: 7 ist eine Primzahl, d.h. $5^{7-1} \equiv 1 \mod 7$ bzw. $5^7 - 5 = 78120$ ist durch 7 teilbar, genauso aber auch $2^7 - 2 = 126$, $3^7 - 3 = 2184$ oder $10^7 - 10 = 9999990$. Der Spezialfall für $p = 2$, nämlich dass $2^p - 2$ stets durch p (also z.B. $2^{11} - 2 = 2046$ durch 11) teilbar ist, scheint in China sogar bereits 500 v. Chr. bekannt gewesen zu sein [BP]$_{14}$.

Sei nun a eine beliebige ganze Zahl, aber kein Vielfaches von $p \in \mathbb{N}$. Man betrachte die Gleichheit

$$a^{p-1} \equiv 1 \mod p. \tag{*}$$

Dass (*) für jede Primzahl p gilt, zeigt obiger Satz. Was ist aber, wenn p keine Primzahl ist? Erste Proben liefern z.B.

$2^{4-1} = 8 \equiv 0 \mod 4$ $3^{4-1} = 27 \equiv 3 \mod 4$

$2^{9-1} = 256 \equiv 4 \mod 9$ $3^{9-1} = 6561 \equiv 0 \mod 9$.

Das legt die Vermutung nahe, dass (*) wirklich nur dann gilt, wenn p eine Primzahl ist. Das würde bedeuten, dass ein (relativ) einfacher Primzahltest gefunden wäre: Man müsste die Zahl p nur auf (*) testen und wüsste sofort, ob es sich um eine Primzahl handelt. Leider trügt hier aber der erste Schein. Beispielsweise ist 4 zusammengesetzt und 5 kein Vielfaches von 4, aber (*) ist mit $5^{4-1} = 125 \equiv 1 \mod 4$ dennoch erfüllt. Eine solche Zahl p, die (*) bezüglich einem a genügt und trotzdem keine Primzahl ist, nennt man *(fermatsche) Pseudoprimzahl zur Basis a* [BR]$_1$. 4 ist also eine Pseudoprimzahl zur Basis 5. Aus dieser Definition ergibt sich, dass ein p, das (*) erfüllt, entweder prim oder pseudoprim ist. Wie die obigen Proben schon andeuten, sind Pseudoprimzahlen aber äußerst selten. Zur Basis 2 ist die erste Pseudoprimzahl z.B. erst 341 [BR]$_2$. Vor ihr liegen bereits 68 Primzahlen (vgl. z.B. [DP]). Gilt (*) also für ein p, so ist p *sehr wahrscheinlich* eine Primzahl (siehe [BR]$_3$).

Diese Tatsache benutzt der fermatsche Primzahltest. Um herauszufinden welche Zahlen p aus einer

Menge M Primzahlen sind, wählt man je ein a zwischen 1 und p, sodass a auch kein Vielfaches von p sein kann. Nun berechnet man den Rest von a^{p-1} modulo p. Der Einfachheit halber wählt man a möglichst klein (optimalerweise 2)[13]. Nach den eben gemachten Überlegungen gilt:

- Ist das Ergebnis nicht 1, so ist p auch keine Primzahl (Kleiner Fermat).

- Ist das Ergebnis 1, so ist p prim oder pseudoprim zur Basis a, sehr wahrscheinlich aber prim. p ist dann *Primzahlkandidat*.

Um die Anzahl der Primzahlkandidaten nochmals zu verringern und damit die Wahrscheinlichkeit ihrer Primalität noch zu erhöhen, kann man den Test nun für alle Primzahlkandidaten mit einer neuen Basis $\acute{a}$ wiederholen. Es bleiben nur noch Zahlen, die entweder prim oder pseudoprim zur Basis a und zur Basis $\acute{a}$ sind, was extrem selten ist. Das kann man natürlich noch viel öfter durchführen, 100%ige Sicherheit bekommt man jedoch nie. Wenn man sicher gehen will, kann man alle Primzahlkandidaten p elementar auf Primalität testen, indem man nach Teilern zwischen 1 und $\sqrt{p}$ sucht.[14] Der fermatsche Primzahltest fungiert dann sozusagen als Vortest. Das gibt insofern Sinn, da die elementare Methode sehr viele Rechnungen beinhaltet, also sehr lange dauert und durch den fermatschen Primzahltest der größte Teil der Testkandidaten in verhältnismäßig kurzer Zeit schon im Voraus entfallen. In der Praxis benutzt man heute statt des fermatschen allerdings meist wesentlich kompliziertere, aber effizientere Primzahltests (z.B. von Miller und Rabin, siehe [BR] Abschnitt 4.5).

Wie gut der Fermatsche Primzahltest allein ist, d.h. wie wahrscheinlich es ist, dass ein Primzahlkandidat auch wirklich prim ist, soll nun anhand einer exemplarischen Durchführung des Tests statistisch untersucht werden. Getestet werden die 5000 ungeraden Zahlen von 111111 bis 121109 auf die Gleichheit (*) zur Basis 2. Die geraden Zahlen sollen gleich beiseite gelassen werden, da sie offensichtlich nicht prim sind. Das würde auch der Test sofort erkennen, denn 2^{p-1} ist gerade und lässt daher bei Division durch eine gerade Zahl niemals den Rest 1. Es ergibt sich eine Liste aus Primzahlkandidaten. Dem gegenüber kann man elementar eine Liste der Primzahlen berechnen, hier soll aber der Einfachheit halber auf [DP] vertraut werden. Um p auf (*) zu testen muss der Rest von 2^{p-1} modulo p berechnet werden. Dazu soll das folgende, in Eclipse programmierte Java Programm[15] benutzt werden, das zu jedem der p den Rest von 2^{p-1} mod p berechnet:

---

[13]Da $1^{p-1} = 1 \equiv 1 \mod p$ für alle p, ist der Test zur Basis 1 wenig hilfreich: Er liefert ausschließlich Primzahlkandidaten.

[14]Hat p einen echten (positiven) Teiler t, so ist auch $\frac{p}{t}$ ein echter Teiler von p. Da entweder t oder $\frac{p}{t}$ kleiner als $\sqrt{p}$ ist, reicht es bis $\sqrt{p}$ nach Teilern von p zu suchen.

[15]Anmerkungen zum Programm siehe Anhang.

```
1          import java.math.*;
2
3          public class Facharbeit {
4                  public static void main(String[] args) {
5
6                          Integer p;
7                          BigInteger basis = new BigInteger("2");
8                          BigInteger potenzwert;
9                          BigInteger rest;
10
11                          for (p = 111111; p <= 121109; p = p + 2) {
12                                  potenzwert = basis.pow(p - 1);
13                                  rest = potenzwert.mod(new BigInteger("" + p));
14
15                                  System.out.println(p.toString() + ";" + rest.toString());
16                          }
17                  }
18          }
```

Das Ergebnis 1 bedeutet also, p ist Primzahlkandidat. Ein Vergleich mit der Primzahlenliste führt zu folgender Tabelle (zur vollständigen Tabelle siehe Anhang):

p	2^{p-1} mod p	Primzahlkandidat	Primzahl
...	...	...	...
111429	28606		
111431	1	x	x
111433	64		
...	...	...	...

Zunächst sieht man: Ist p eine Primzahl, so steht in der zweiten Spalte auch eine 1, oder anders gesagt, steht in der zweiten Spalte keine 1, d.h. p ist kein Primzahlkandidat, so ist p auch keine Primzahl. Das muss ja auch so sein.

Wäre das nicht der Fall, hätte sich offensichtlich ein Fehler versteckt. Steht dagegen in der zweiten Spalte eine 1 bzw. ist p Primzahlkandidat, dann ist p wie erwartet auch meistens eine Primzahl. Interessant sind aber vor allem die beiden Ausnahmen in den fett markierten Zeilen:

Diese zwei Zahlen sind Pseudoprimzahlen zur Basis 2: Primzahlkandidaten, aber keine Primzahlen. Es sind aber die einzigen in diesem Bereich. Es scheint sich auch kein Fehler eingeschlichen zu haben, wie ein Vergleich mit [PP] zeigt.

p	2^{p-1} mod p	Primzahlkandidat	Primzahl
113201	1	x	
115921	1	x	

Die relative Häufigkeit der Primzahlen unter den 857 vom Test gelieferten Primzahlkandidaten ist also

$\frac{855}{857} \approx 99,77\%$ und nur $\frac{2}{10000} = 0,02\%$ der Zahlen zwischen 111111 und 121110 sind pseudoprim. Soll der Test als Vortest für einen sicheren Test fungieren sind auch bereits 4143 von 5000 (bzw. 9143 von 10000 mit den geraden Zahlen) und damit 82,86% (bzw. 91,43%) der Testkandidaten entfallen. Diese Daten lassen durchaus die Behauptung zu, dass der fermatsche Primzahltest, auch wenn er noch relativ unausgereift ist und in dieser Form bei noch bedeutend größeren p wegen der Operation 2^{p-1} zu Problemen führt (siehe Anhang), als ein erster vernünftiger Schritt auf dem Weg des wohl noch lange bestehenden Problems der Primzahlerkennung betrachtet werden kann.

5 Ausblick: Restklassen in der Kryptographie

Ganz ausgeblendet wurde bisher der heutzutage wohl wichtigste, aber für diese Arbeit zu umfangreiche Anwendungsbereich der Kongruenzrechnung – die Kryptographie. Die Kryptographie beschäftigt sich mit der Verschlüsselung und Entschlüsselung von Informationen [BJ]₁, also z.B. einer E-Mail. Viele Verschlüsselungstechniken, darunter das RSA-Verfahren (von *R*ivest, *S*hamir und *A*dleman, 1978, [BS]) beruhen auf einem ganz einfachen Prinzip: Einer Operation in einer mathematischen Struktur, wie z.B. einem Ring, die leicht durchzuführen und schwer rückgängig zu machen ist. Beim RSA-Verfahren wird benutzt, dass das Produkt zweier großer Primzahlen (ca. 100 Stellen in der Praxis) $pq = m$ mit dem Computer sehr einfach zu berechnen ist, m jedoch in absehbarer Zeit kaum zerlegbar, wenn nicht p oder q bekannt sind. Das können Sie schon nachvollziehen, wenn Sie die Zeiten zur Berechnung von $61 \cdot 71$ und zur Zerlegung von 3431 stoppen und vergleichen (egal ob mit oder ohne Taschenrechner). Diese Asymmetrie der Operation $pq = m$ wird insofern benutzt, dass das aus p und q erzeugte m vom Empfänger öffentlich bekannt gegeben und vom Sender zum Verschlüsseln benutzt wird, die zum Entschlüsseln benötigten p und q aber nur ihm bekannt sind. Zum Entschlüsseln wird im Restklassenring modulo m gerechnet.[16] Auch hier werden effiziente Primzahlentests benötigt (vgl. 4.2), um immer wieder neue p und q zu finden, bevor ein Fremder m zerlegen und damit die Nachricht entschlüsseln kann. Die Kryptographie hat aber auch andere Schnittstellen mit dem Gebiet der Restklassen, wie z.B. das Kryptosystem der so genannten affinen Chiffren [BJ]₃.

Ganz egal also, ob Grundschüler, Otto-Normal-Mathematiker, Zahlentheoretiker oder auch Informatiker – Mit Resten umgehen zu können kann all ihnen eine Hilfe sein. Ich hoffe, mit diesem kleinen Rundgang nicht nur Fritz, sondern auch dem Leser die ein oder andere Seite der vielseitigen Welt der Reste näher gebracht zu haben. Der interessierte Leser sei nun auf das Literaturverzeichnis verwiesen.

---

[16]Wie das genau funktioniert, kann man z.B. in [BJ]₂ nachlesen.

6 Anhang

Beweis der Rechenregeln (3.3.1) und (3.3.2)

(3.3.1)

Seien $a \equiv á$ und $b \equiv \acute{b}$ mod m (wobei $a, b \in \mathbf{Z}$, $m \in \mathbf{N}$). Anders gesagt heißt das $m \mid a - á$ bzw. $\frac{a-á}{m} \in \mathbf{Z}$ und $\frac{b-\acute{b}}{m} \in \mathbf{Z}$. Daraus folgt bereits, dass auch $\frac{(a+b)-(á+\acute{b})}{m} = \frac{(a-á)+(b-\acute{b})}{m} = \frac{a-á}{m} + \frac{b-\acute{b}}{m}$ als deren Summe ganz ist, also $m \mid ((a+b)-(á+\acute{b}))$. Das bedeutet aber nichts anderes als $a+b \equiv á+\acute{b}$ mod m.

$\square$

(3.3.2)

Der Beweis unterscheidet sich bis auf einen kleinen Trick bei der Umformung kaum vom ersten. Seien $a \equiv á$ und $b \equiv \acute{b}$ mod m (wobei $a, b \in \mathbf{Z}$, $m \in \mathbf{N}$). Anders gesagt heißt das $m \mid a - á$ bzw. $\frac{a-á}{m} \in \mathbf{Z}$ und $\frac{b-\acute{b}}{m} \in \mathbf{Z}$. Damit ist aber auch $\frac{ab-á\acute{b}}{m} = \frac{ab-a\acute{b}+a\acute{b}-á\acute{b}}{m} = \frac{a(b-\acute{b})+b(a-á)}{m} = \underbrace{a}_{\in \mathbf{Z}} \cdot \underbrace{\frac{b-\acute{b}}{m}}_{\in \mathbf{Z}} + \underbrace{\acute{b}}_{\in \mathbf{Z}} \cdot \underbrace{\frac{a-á}{m}}_{\in \mathbf{Z}}$

als deren ganzahlige Linearkombination ganz, also $m \mid (ab - á\acute{b})$. Das bedeutet nun wiederum schon $ab \equiv á\acute{b}$ mod m. Die Potenzregel ergibt sich aus der Multiplikationsregel mit Hilfe der Produktdarstellung von a^n.

$\square$

Anmerkungen zum Java-Quelltext und dessen Durchführung

- Was der Java-Quelltext aus Kapitel 4.2 macht, ist bereits oben erklärt: Er berechnet den Rest von 2^{p-1} bei Division durch p für alle ungeraden p von 111111 bis 121109. Seine Vorgehensweise ist aber wohl nur anhand der sprechenden Namen und Befehle zu erahnen, sofern man mit dergleichen (also Programmiersprachen im Allgemeinen, insbes. Java) nicht vertraut ist. Daher eine grobe Erläuterung:

  Z.1 bis Z.5 ist sozusagen der Vorspann. Er ist unverzichtbar für die Funktionstüchtigkeit des Programms, hat jedoch keine thematische Bedeutung. Hier wird eine Mathe-Umgebung geschaffen und der folgende Text sozusagen zur (öffentlich zugänglichen) Hauptfunktion erklärt. In Z.6 bis Z.9 werden die Typen der benötigten Werte definiert, nämlich die „basis" als eine große Zahl („BigInteger"), „potenzwert" und „rest" ebenfalls als große Zahlen und „p" als ganze Zahl (Integer). Die „basis" wird sogar schon als 2 vorgegeben; Was die anderen Werte konkret sind, wird erst folgend festgelegt. Die Definitionen als große Zahlen müssen sein, da Zahlen der Größenordnung 2^{100000}, um deren Rest zu bestimmen, bis auf die letzte Ziffer genau berechnet werden müssen, was die normale Operation *Integer* := *Integer*^{*Integer*} jedoch nicht schafft. Die Operation *BigInteger* := *BigInteger*^{*Integer*} dagegen kann beliebig große Zahlen bis auf die Einerziffer genau darstellen. Z.11 gibt Auskunft über „*p*". „*p*" soll zuerst 111111 sein und bis zu der Zahl 121109 jeweils um 2 erhöht werden. Dabei sollen für jedes angenommene „*p*" die Befehle in der geschweiften Klammer (Z.12 bis Z.15) durchgeführt werden: Der „potenzwert", nämlich 2^{p-1}, (Z.12) und der „rest", nämlich der Rest des „potenzwert" bei Division durch „*p*", (Z.13) sollen berechnet werden. Anschließend sollen „*p*", ein Strichpunkt und der „rest" in der Ausgabe des Programms erscheinen, bevor zum nächsten „*p*" übergegangen wird. Ist die Ausgabe für das letzte „*p*" (hier 121109) erfolgt, ist das Programm beendet und es liegt eine Liste der ungeraden *p* von 111111 bis 121109 mit dem jeweiligen Rest von 2^{p-1} modulo *p* vor. Um andere Zahlen auf (mögliche) Primalität zu testen, kann man 111111 und 121109 im Quelltext einfach durch entsprechend andere Grenzen ersetzen.

- In Z.13 wird der Rest von 2^{p-1} modulo *p* berechnet. In diesem Fall ist dieser Befehl dem System bereits bekannt. Andernfalls und auch für die Restberechnung mit dem Taschenrechner, ist ein elementares Verfahren zur Berechnung des Restes *r* einer Zahl *a* modulo *m* hilfreich. Es gilt:

$$r = a - [\frac{a}{m}] \cdot m$$

Dabei stellt [·] die Gaußklammer oder Ganzteilfunktion dar, also den Ganzteil einer Zahl $[x] = max\{z \in \mathbf{Z} \mid z \le x\}$ [SH]₃, den man (bei positiven Zahlen) anschaulich einfach durch Streichen der Nachkommastellen erhält. Da $[\frac{a}{m}]$ eine ganze Zahl ist, ist $[\frac{a}{m}] \cdot m \equiv 0$ bzw. $r \equiv a \mod p$. Da außerdem $\frac{a}{m} - 1 < [\frac{a}{m}] \le \frac{a}{m}$ und damit $a - m < [\frac{a}{m}] \cdot m \le a$ ist auch $0 \le r < m$. $a - [\frac{a}{m}]$ erfüllt also genau die Eigenschaften des Rests.

Bsp: Der Rest von 25678941 bei Division durch 7 errechnet sich mit dem Taschenrechner aus $r = 25678941 - [\frac{25678941}{7}] \cdot 7 = 25678941 - [3668420,14...] \cdot 7 = 25678941 - 3668420 \cdot 7 = 1$.

- Bei diesem Test muss mit der Zahl 2^{p-1} gerechnet werden. Es ist bereits mehrfach angeklungen, dass diese sehr groß werden kann, v.a. da oft große *p* getestet werden sollen. Im obigen Beispiel ergeben sich Zahlen der Größenordnung 10^{35000}. Bei noch größeren *p* kann das zu Problemen führen. Die Berechnungen können zu groß werden oder zu viel Zeit in Anspruch nehmen. Es ist aber möglich, die Berechnung von 2^{p-1} zu umgehen, schließlich soll nicht 2^{p-1} sondern das kleinste *x* zwischen 0 und *p* − 1 mit $2^{p-1} \equiv x \mod p$ berechnet werden. Ist nämlich $p - 1 = m + n$, so ist $x \equiv 2^{p-1} = 2^m \cdot 2^n \equiv x_1 \cdot x_2 \mod p$, wenn $2^m \equiv x_1$ und $2^n \equiv x_2 \mod p$.

Damit sind um x zu finden höchstens noch Zahlen der ungefähren Größe $2^{\frac{p-1}{2}} = \sqrt{2^{p-1}}$ zu berechnen. Und es geht noch wesentlich besser. Zerlegt man $p - 1$ in eine Art Polynom, sodass $p - 1 = a_n \cdot m^n + a_{n-1} \cdot m^{n-1} + \ldots + a_2 \cdot m^2 + a_1 \cdot m + a_0$ mit einem natürlichen $m \geq 2$ und allen $a_i \leq m - 1$, d.h. eigentlich nichts anderes als in die Ziffern a_i im Zahlensystem mit Basis m (also für p=12345 im Zehnersystem z.B. $12344 = 1 \cdot 10^4 + 2 \cdot 10^3 + 3 \cdot 10^2 + 4 \cdot 10 + 4$), so ist $x \equiv 2^{p-1} = 2^{a_0 + a_1 \cdot m + a_2 \cdot m^2 + a_3 \cdot m^3 + \ldots + a_n \cdot m^n} = 2^{a_0} \cdot (2^m)^{a_1} \cdot ((2^m)^m)^{a_2} \cdot (((2^m)^m)^m)^{a_3} \cdot \ldots \cdot (2^{m^n})^{a_n} \equiv 2^{a_0} \cdot (x_1)^{a_1} \cdot ((x_1)^m)^{a_2} \cdot (((x_1)^m)^m)^{a_3} \cdot \ldots \cdot (x_1^{m^{n-1}})^{a_n} \equiv 2^{a_0} \cdot (x_1)^{a_1} \cdot (x_2)^{a_2} \cdot ((x_2)^m)^{a_3} \cdot \ldots \cdot ((x_2)^{m^{n-2}})^{a_n} \equiv 2^{a_0} \cdot (x_1)^{a_1} \cdot (x_2)^{a_2} \cdot (x_3)^{a_3} \cdot \ldots \cdot ((x_3)^{m^{n-3}})^{a_n} \equiv \ldots \equiv 2^{a_0} \cdot (x_1)^{a_1} \cdot (x_2)^{a_2} \cdot (x_3)^{a_3} \cdot \ldots \cdot (x_n)^{a_n} \mod p$, wenn $2^m \equiv x_1$, $(x_1)^m \equiv x_2$, $(x_2)^m \equiv x_3$, ..., $(x_{n-1})^m \equiv x_n \mod p$. Da die verschiedenen x_i Reste modulo p darstellen sind sie alle höchstens $p - 1$, *kein* Zwischenergebnis geht also über die Größe $(p - 1)^m$ hinaus. Schreiben wir also z.B. $p - 1 = 3333333$ in ihrer Zifferndarstellung im Zweiersystem und verfahren wie oben, treten statt der etwa eine Millionen Stellen langen Zahl $2^{3333333}$ nur noch Zahlen der maximalen Größe von $(3333333)^2$, also mit höchstens 13 Stellen auf. Eine geschickte Zerlegung von 2^{p-1} macht also das Programm für praktisch beliebig große p möglich (für viel größere p wegen der vielen Einzelschritte aber wieder zu langsam). Die konkrete Durchführung einer solchen Zerlegung macht das Programm allerdings *bedeutend* komplizierter und kann hier nicht in Kürze genau dargestellt werden.

Geburtstagstabelle

In dieser Tabelle sind noch einmal alle in Kapitel 3.5.1 verwendeten Daten zusammengestellt und verwertet. Für Erläuterungen siehe oben.

Person	geboren am	Alter in Tagen	Rest mod 7	Wochentag der Geburt
1	24.10.1990	7270	4	Mittwoch
2	25.11.1990	7238	0	Sonntag
3	23.02.1991	7148	1	Samstag
4	28.03.1991	7115	3	Donnerstag
5	07.05.1991	7075	5	Dienstag
6	14.05.1991	7068	5	Dienstag
7	08.07.1991	7013	6	Montag
8	11.07.1991	7010	3	Donnerstag
9	25.07.1991	6996	3	Donnerstag
10	30.07.1991	6991	5	Dienstag
11	10.08.1991	6980	1	Samstag
12	11.08.1991	6979	0	Sonntag
13	16.08.1991	6974	2	Freitag
14	27.08.1991	6963	5	Dienstag
15	30.08.1991	6960	2	Freitag
16	07.09.1991	6952	1	Samstag
17	17.10.1991	6912	3	Donnerstag
18	17.10.1991	6912	3	Donnerstag
19	30.10.1991	6899	4	Mittwoch
20	30.10.1991	6899	4	Mittwoch
21	30.10.1991	6899	4	Mittwoch
22	31.10.1991	6898	3	Donnerstag
23	11.11.1991	6887	6	Montag
24	16.11.1991	6882	1	Samstag
25	01.12.1991	6867	0	Sonntag
26	10.12.1991	6858	5	Dienstag
27	12.12.1991	6856	3	Donnerstag
28	04.01.1992	6833	1	Samstag
29	21.01.1992	6816	5	Dienstag
30	25.01.1992	6812	1	Samstag
31	30.01.1992	6807	3	Donnerstag
32	05.02.1992	6801	4	Mittwoch
33	23.02.1992	6783	0	Sonntag
34	27.02.1992	6779	3	Donnerstag
35	21.03.1992	6756	1	Samstag
36	21.03.1992	6756	1	Samstag
37	28.03.1992	6749	1	Samstag
38	06.04.1992	6740	6	Montag
39	15.04.1992	6731	4	Mittwoch
40	25.04.1992	6721	1	Samstag
41	18.05.1992	6698	6	Montag
42	03.06.1992	6682	4	Mittwoch
43	23.06.1992	6662	5	Dienstag
44	29.06.1992	6656	6	Montag
45	04.07.1992	6651	1	Samstag
46	11.08.1992	6613	5	Dienstag

Primzahltesttabelle

Die in Kapitel 4.2 erläuterte Ergebnistabelle ist auf den folgenden Seiten vollständig aufgeführt.

Die beiden Pseudoprimzahlen zur Basis 2 sind fett hervorgehoben. PZK ist kurz für Primzahlkandidat und PZ für Primzahl.

Wie oben erwähnt sind die Vergleichsdaten aus [DP] (und [PP]) entnommen.

p	$2^{p-1} \bmod p$	PZK	PZ	p	$2^{p-1} \bmod p$	PZK	PZ	p	$2^{p-1} \bmod p$	PZK	PZ	p	$2^{p-1} \bmod p$	PZK	PZ
111111	76990			111211	1	x	x	111311	77594			111411	256		
111113	87954			111213	47992			111313	40756			111413	64372		
111115	66869			111215	56079			111315	13924			111415	22299		
111117	4			111217	1	x	x	111317	1	x	x	111417	4		
111119	1	x	x	111219	13747			111319	64037			111419	25545		
111121	1	x	x	111221	1024			111321	72076			111421	46306		
111123	256			111223	64			111323	1	x	x	111423	40096		
111125	89091			111225	73591			111325	89141			111425	63466		
111127	1	x	x	111227	1	x	x	111327	78400			111427	1	x	x
111129	98176			111229	1	x	x	111329	50115			111429	28606		
111131	69127			111231	57235			111331	95008			111431	1	x	x
111133	51539			111233	37306			111333	103189			111433	64		
111135	88459			111235	89004			111335	99339			111435	83644		
111137	11664			111237	47443			111337	1	x	x	111437	26181		
111139	64			111239	30784			111339	5557			111439	1	x	x
111141	1300			111241	109513			111341	1	x	x	111441	10099		
111143	1	x	x	111243	97552			111343	58398			111443	1	x	x
111145	16			111245	78771			111345	27361			111445	24971		
111147	4			111247	14952			111347	1	x	x	111447	6241		
111149	1	x	x	111249	71869			111349	64			111449	81253		
111151	88149			111251	76281			111351	4			111451	16099		
111153	1663			111253	1	x	x	111353	73429			111453	78079		
111155	103284			111255	16384			111355	66829			111455	66889		
111157	94792			111257	61860			111357	256			111457	107966		
111159	53230			111259	66007			111359	74592			111459	32956		
111161	105141			111261	4			111361	104800			111461	47833		
111163	88438			111263	1	x	x	111363	46309			111463	71955		
111165	105316			111265	48196			111365	16			111465	46741		
111167	47707			111267	31360			111367	78638			111467	1	x	x
111169	39806			111269	1	x	x	111369	4			111469	105450		
111171	4			111271	1	x	x	111371	1934			111471	54928		
111173	100833			111273	62293			111373	1	x	x	111473	33331		
111175	74284			111275	54809			111375	26284			111475	70134		
111177	12406			111277	6415			111377	7114			111477	4		
111179	79426			111279	75583			111379	37340			111479	36808		
111181	21134			111281	9510			111381	96508			111481	27871		
111183	4			111283	68863			111383	6111			111483	107581		
111185	8926			111285	71041			111385	16			111485	68766		
111187	1	x	x	111287	40621			111387	65854			111487	1	x	x
111189	87616			111289	52710			111389	80665			111489	45175		
111191	1	x	x	111291	4			111391	64			111491	1	x	x
111193	27811			111293	80915			111393	256			111493	1	x	x
111195	53239			111295	44534			111395	44574			111495	16384		
111197	36923			111297	26824			111397	80419			111497	1	x	x
111199	81601			111299	19707			111399	7531			111499	88111		
111201	33937			111301	1	x	x	111401	65536			111501	70339		
111203	58504			111303	57280			111403	78784			111503	13120		
111205	28161			111305	73466			111405	4876			111505	64636		
111207	39220			111307	64			111407	110244			111507	47122		
111209	31838			111309	8341			111409	1	x	x	111509	1	x	x

p	$2^{p-1} \bmod p$	PZK	PZ	p	$2^{p-1} \bmod p$	PZK	PZ	p	$2^{p-1} \bmod p$	PZK	PZ	p	$2^{p-1} \bmod p$	PZK	PZ
111511	39122			111697	1	x	x	111883	61941			112069	1	x	x
111513	4			111699	100804			111885	38761			112071	4		
111515	22319			111701	50500			111887	6509			112073	83710		
111517	107668			111703	86998			111889	73933			112075	60109		
111519	256			111705	21961			111891	110413			112077	10651		
111521	1	x	x	111707	104962			111893	1	x	x	112079	12455		
111523	61355			111709	49388			111895	13574			112081	21557		
111525	89341			111711	62569			111897	256			112083	4		
111527	17092			111713	95818			111899	51088			112085	71486		
111529	31441			111715	22359			111901	26219			112087	1	x	x
111531	90577			111717	256			111903	18253			112089	4		
111533	1	x	x	111719	18740			111905	16			112091	77422		
111535	89244			111721	1	x	x	111907	76167			112093	2715		
111537	101695			111723	75166			111909	49060			112095	62284		
111539	1	x	x	111725	84066			111911	57541			112097	1	x	x
111541	48300			111727	29401			111913	1	x	x	112099	55834		
111543	4			111729	4			111915	22909			112101	48379		
111545	109846			111731	1	x	x	111917	47141			112103	1	x	x
111547	55010			111733	1	x	x	111919	1	x	x	112105	63001		
111549	15850			111735	16384			111921	4			112107	4		
111551	1024			111737	20064			111923	51347			112109	90391		
111553	4096			111739	44547			111925	83066			112111	1	x	x
111555	67639			111741	13633			111927	4			112113	256		
111557	49656			111743	98384			111929	31100			112115	15304		
111559	64			111745	16			111931	101564			112117	60952		
111561	31612			111747	17374			111933	256			112119	11197		
111563	34113			111749	41660			111935	54274			112121	1	x	x
111565	21531			111751	1	x	x	111937	64			112123	21410		
111567	4			111753	57064			111939	4			112125	54466		
111569	36371			111755	31264			111941	106207			112127	24523		
111571	85225			111757	82859			111943	25505			112129	1	x	x
111573	60295			111759	4			111945	104806			112131	54526		
111575	90059			111761	64275			111947	41732			112133	83778		
111577	1	x	x	111763	108698			111949	1	x	x	112135	65789		
111579	27811			111765	105796			111951	57523			112137	4		
111581	1	x	x	111767	1	x	x	111953	1	x	x	112139	1	x	x
111583	40793			111769	84785			111955	67189			112141	29846		
111585	24526			111771	55903			111957	111514			112143	60121		
111587	28212			111773	1	x	x	111959	1	x	x	112145	57051		
111589	1669			111775	15534			111961	19481			112147	41504		
111591	42673			111777	66829			111963	4			112149	64327		
111593	1	x	x	111779	1	x	x	111965	17551			112151	55858		
111595	21664			111781	1	x	x	111967	78173			112153	1	x	x
111597	4			111783	42529			111969	108364			112155	16384		
111599	1	x	x	111785	34046			111971	62811			112157	108666		
111601	43317			111787	38492			111973	1	x	x	112159	98861		
111603	4			111789	256			111975	33334			112161	71173		
111605	16			111791	1	x	x	111977	1	x	x	112163	1	x	x
111607	75566			111793	82328			111979	74243			112165	16		
111609	256			111795	38554			111981	59701			112167	37651		
111611	1	x	x	111797	32006			111983	12663			112169	56479		
111613	13978			111799	1	x	x	111985	16			112171	78116		
111615	43264			111801	34006			111987	88591			112173	89602		
111617	78384			111803	18705			111989	48855			112175	94509		
111619	41770			111805	75126			111991	1024			112177	4096		
111621	73696			111807	12487			111993	40639			112179	86608		
111623	1	x	x	111809	65536			111995	106714			112181	1	x	x
111625	80966			111811	64			111997	1	x	x	112183	91932		
111627	80599			111813	6340			111999	45847			112185	89626		
111629	863			111815	21114			112001	88703			112187	85543		
111631	105091			111817	24492			112003	88292			112189	68797		
111633	109990			111819	4			112005	68656			112191	4		
111635	17424			111821	1	x	x	112007	96070			112193	19607		
111637	1	x	x	111823	6673			112009	3185			112195	78604		
111639	92986			111825	80266			112011	4			112197	11248		
111641	1	x	x	111827	1	x	x	112013	15129			112199	1	x	x
111643	20504			111829	1	x	x	112015	94859			112201	41747		
111645	73831			111831	4			112017	4			112203	4		
111647	37030			111833	1	x	x	112019	1	x	x	112205	16		
111649	108017			111835	89484			112021	38039			112207	1	x	x
111651	4			111837	70651			112023	3280			112209	65794		
111653	1	x	x	111839	72641			112025	85491			112211	85460		
111655	73809			111841	68677			112027	88298			112213	1	x	x
111657	57313			111843	29533			112029	99436			112215	16384		
111659	1	x	x	111845	16			112031	1	x	x	112217	65536		
111661	1024			111847	1	x	x	112033	24728			112219	10129		
111663	87637			111849	27118			112035	101854			112221	107482		
111665	66041			111851	45205			112037	86777			112223	1	x	x
111667	1	x	x	111853	400			112039	8118			112225	65741		
111669	4			111855	16384			112041	98716			112227	4		
111671	94922			111857	1	x	x	112043	67543			112229	26497		
111673	65536			111859	72207			112045	16			112231	64		
111675	21709			111861	14053			112047	86662			112233	97189		
111677	82303			111863	1	x	x	112049	48085			112235	89804		
111679	109329			111865	7606			112051	46919			112237	1	x	x
111681	256			111867	100132			112053	79003			112239	102181		
111683	25711			111869	1	x	x	112055	43159			112241	1	x	x
111685	105946			111871	1	x	x	112057	62522			112243	34693		
111687	85540			111873	68356			112059	256			112245	62626		
111689	34515			111875	37409			112061	1	x	x	112247	1	x	x
111691	68990			111877	58955			112063	94683			112249	1	x	x
111693	47620			111879	39316			112065	72556			112251	48454		
111695	87399			111881	92423			112067	1	x	x	112253	1	x	x

p	$2^{p-1} \bmod p$	PZK	PZ	p	$2^{p-1} \bmod p$	PZK	PZ	p	$2^{p-1} \bmod p$	PZK	PZ	p	$2^{p-1} \bmod p$	PZK	PZ
112255	77544			112441	64			112627	103138			112813	26243		
112257	256			112443	101077			112629	34444			112815	13369		
112259	84338			112445	108051			112631	4142			112817	56143		
112261	1	x	x	112447	82655			112633	28724			112819	18558		
112263	61837			112449	4			112635	88654			112821	4		
112265	16			112451	51496			112637	48337			112823	7003		
112267	108385			112453	93031			112639	59868			112825	79116		
112269	4			112455	75289			112641	4			112827	46297		
112271	10352			112457	48571			112643	1	x	x	112829	111995		
112273	13910			112459	1	x	x	112645	11636			112831	1	x	x
112275	13684			112461	71845			112647	4			112833	106474		
112277	16487			112463	108326			112649	89678			112835	90284		
112279	1	x	x	112465	100511			112651	42890			112837	7483		
112281	104737			112467	4			112653	256			112839	106162		
112283	70879			112469	64332			112655	67609			112841	89913		
112285	20331			112471	90805			112657	1	x	x	112843	1	x	x
112287	37993			112473	256			112659	108022			112845	84091		
112289	1	x	x	112475	54609			112661	24178			112847	23333		
112291	1	x	x	112477	701			112663	1	x	x	112849	52319		
112293	69943			112479	4			112665	34591			112851	256		
112295	30254			112481	1	x	x	112667	85378			112853	73544		
112297	1	x	x	112483	64			112669	57818			112855	67729		
112299	74077			112485	38881			112671	82255			112857	4		
112301	38992			112487	44350			112673	72725			112859	1	x	x
112303	1	x	x	112489	48179			112675	96809			112861	49106		
112305	61306			112491	34915			112677	55369			112863	67435		
112307	68143			112493	27158			112679	32258			112865	16		
112309	102816			112495	51399			112681	40573			112867	90580		
112311	256			112497	34549			112683	4			112869	256		
112313	54905			112499	1620			112685	5751			112871	1024		
112315	38424			112501	1	x	x	112687	1	x	x	112873	61947		
112317	103525			112503	4			112689	69682			112875	87784		
112319	52322			112505	16			112691	1	x	x	112877	1	x	x
112321	1024			112507	1	x	x	112693	79304			112879	36386		
112323	4			112509	94648			112695	11269			112881	71611		
112325	40791			112511	16137			112697	108124			112883	44521		
112327	1	x	x	112513	107265			112699	18386			112885	99291		
112329	22243			112515	105889			112701	4			112887	90949		
112331	1	x	x	112517	108234			112703	89831			112889	96826		
112333	4096			112519	33839			112705	16			112891	15786		
112335	16384			112521	4			112707	62500			112893	7198		
112337	1	x	x	112523	12584			112709	10875			112895	104049		
112339	1	x	x	112525	81341			112711	32918			112897	68528		
112341	4			112527	256			112713	4			112899	4		
112343	57094			112529	67133			112715	22559			112901	1	x	x
112345	16			112531	96976			112717	52259			112903	8065		
112347	37705			112533	4			112719	4			112905	256		
112349	1	x	x	112535	68104			112721	80579			112907	6927		
112351	109299			112537	37070			112723	13142			112909	1	x	x
112353	105469			112539	39862			112725	109741			112911	99688		
112355	69139			112541	33738			112727	66194			112913	1	x	x
112357	45536			112543	1	x	x	112729	83525			112915	9729		
112359	22702			112545	8626			112731	12007			112917	82597		
112361	1	x	x	112547	54044			112733	38983			112919	1	x	x
112363	1	x	x	112549	9972			112735	21484			112921	1	x	x
112365	91921			112551	1	x	x	112737	4			112923	256		
112367	16346			112553	16669			112739	65992			112925	64316		
112369	90269			112555	67549			112741	1	x	x	112927	1	x	x
112371	37237			112557	90694			112743	256			112929	4		
112373	38643			112559	1	x	x	112745	16			112931	14947		
112375	21034			112561	22445			112747	41232			112933	109651		
112377	31831			112563	51880			112749	45301			112935	16384		
112379	96994			112565	1931			112751	93909			112937	21558		
112381	85691			112567	3249			112753	101584			112939	1	x	x
112383	256			112569	112513			112755	16384			112941	38812		
112385	8206			112571	1	x	x	112757	1	x	x	112943	30356		
112387	35704			112573	1	x	x	112759	1	x	x	112945	78121		
112389	4			112575	84934			112761	44320			112947	4		
112391	34491			112577	1	x	x	112763	100928			112949	10254		
112393	78370			112579	54559			112765	25566			112951	1	x	x
112395	97159			112581	25519			112767	4			112953	47695		
112397	1	x	x	112583	1	x	x	112769	36560			112955	13924		
112399	64			112585	54246			112771	1	x	x	112957	4096		
112401	62518			112587	4			112773	4			112959	28669		
112403	1	x	x	112589	1	x	x	112775	7459			112961	75936		
112405	16			112591	46508			112777	64			112963	97895		
112407	49918			112593	51697			112779	5359			112965	112726		
112409	14325			112595	11489			112781	78900			112967	1	x	x
112411	107860			112597	70786			112783	31783			112969	18824		
112413	5611			112599	256			112785	57556			112971	4		
112415	22499			112601	1	x	x	112787	1	x	x	112973	32342		
112417	23801			112603	1	x	x	112789	47187			112975	43359		
112419	256			112605	61426			112791	4960			112977	256		
112421	34169			112607	76283			112793	27541			112979	1	x	x
112423	31589			112609	64			112795	79564			112981	1024		
112425	98416			112611	4			112797	31342			112983	97465		
112427	80369			112613	60626			112799	1	x	x	112985	4131		
112429	1	x	x	112615	63349			112801	4096			112987	64		
112431	31549			112617	26446			112803	3844			112989	4		
112433	92778			112619	64737			112805	41981			112991	111568		
112435	9604			112621	1	x	x	112807	1	x	x	112993	4662		
112437	71860			112623	21487			112809	91303			112995	80554		
112439	15987			112625	55591			112811	103456			112997	1	x	x

p	$2^{p-1} \bmod p$	PZK	PZ	p	$2^{p-1} \bmod p$	PZK	PZ	p	$2^{p-1} \bmod p$	PZK	PZ	p	$2^{p-1} \bmod p$	PZK	PZ
112999	31735			113185	16			113371	1	x	x	113557	1	x	x
113001	31567			113187	65404			113373	20263			113559	4		
113003	83208			113189	1	x	x	113375	79284			113561	32510		
113005	50171			113191	47631			113377	98393			113563	108358		
113007	105028			113193	256			113379	28165			113565	56041		
113009	56254			113195	45294			113381	1	x	x	113567	1	x	x
113011	1	x	x	113197	50443			113383	1	x	x	113569	51562		
113013	53869			113199	56542			113385	39061			113571	256		
113015	6974			**113201**	$\bar{1}$		$\bar{x}$	113387	1516			113573	108216		
113017	1	x	x	113203	38900			113389	41336			113575	97784		
113019	45196			113205	61666			113391	87349			113577	90679		
113021	1	x	x	113207	56024			113393	352			113579	55720		
113023	1	x	x	113209	1	x	x	113395	45374			113581	4096		
113025	66016			113211	22180			113397	4			113583	4		
113027	1	x	x	113213	1	x	x	113399	80688			113585	16		
113029	105316			113215	22659			113401	99963			113587	107817		
113031	34285			113217	7354			113403	60250			113589	61681		
113033	31349			113219	110984			113405	32576			113591	1	x	x
113035	84889			113221	97661			113407	77414			113593	109205		
113037	47947			113223	21685			113409	256			113595	16384		
113039	1	x	x	113225	37466			113411	3437			113597	93300		
113041	1	x	x	113227	1	x	x	113413	37471			113599	36568		
113043	7081			113229	29587			113415	16384			113601	109729		
113045	7271			113231	20533			113417	1	x	x	113603	81209		
113047	63589			113233	1	x	x	113419	74369			113605	16		
113049	53743			113235	16384			113421	26632			113607	11704		
113051	1	x	x	113237	32231			113423	15934			113609	41592		
113053	33988			113239	93507			113425	111216			113611	83967		
113055	16384			113241	4			113427	73507			113613	4		
113057	72046			113243	70405			113429	48523			113615	112174		
113059	81751			113245	9751			113431	63473			113617	64		
113061	110899			113247	256			113433	4			113619	35863		
113063	1	x	x	113249	100737			113435	30879			113621	1	x	x
113065	16			113251	67735			113437	1	x	x	113623	1	x	x
113067	31063			113253	29299			113439	4			113625	112216		
113069	22190			113255	67969			113441	65536			113627	61852		
113071	39446			113257	112444			113443	62902			113629	49496		
113073	4			113259	45889			113445	8761			113631	10756		
113075	1409			113261	112270			113447	85631			113633	30319		
113077	30953			113263	23628			113449	108634			113635	90924		
113079	4			113265	89356			113451	88417			113637	4		
113081	1	x	x	113267	99955			113453	1	x	x	113639	40847		
113083	1	x	x	113269	4096			113455	68089			113641	1024		
113085	37741			113271	3532			113457	33178			113643	8788		
113087	99785			113273	87171			113459	75249			113645	76176		
113089	1	x	x	113275	108159			113461	37541			113647	1	x	x
113091	53395			113277	42376			113463	25708			113649	77134		
113093	1	x	x	113279	1	x	x	113465	62826			113651	97607		
113095	45254			113281	64			113467	1	x	x	113653	32842		
113097	4			113283	97420			113469	60025			113655	16384		
113099	84296			113285	70666			113471	20342			113657	1	x	x
113101	25618			113287	1	x	x	113473	81134			113659	60852		
113103	99832			113289	26821			113475	27034			113661	37705		
113105	16			113291	102928			113477	50976			113663	94021		
113107	83554			113293	98599			113479	35510			113665	73311		
113109	106678			113295	55969			113481	31711			113667	4		
113111	1	x	x	113297	44628			113483	19937			113669	615		
113113	38130			113299	110076			113485	16			113671	5015		
113115	16384			113301	256			113487	66031			113673	25519		
113117	1	x	x	113303	106603			113489	1	x	x	113675	39709		
113119	94372			113305	10711			113491	95915			113677	78401		
113121	256			113307	8080			113493	4			113679	34591		
113123	1	x	x	113309	80999			113495	45414			113681	59845		
113125	20716			113311	1024			113497	1	x	x	113683	1	x	x
113127	30433			113313	96862			113499	256			113685	7276		
113129	12436			113315	47789			113501	1	x	x	113687	84884		
113131	1	x	x	113317	51866			113503	30289			113689	27355		
113133	80077			113319	97645			113505	68926			113691	4		
113135	12644			113321	30527			113507	75646			113693	40381		
113137	82020			113323	64			113509	33608			113695	45494		
113139	472			113325	7966			113511	18553			113697	27634		
113141	62827			113327	1	x	x	113513	1	x	x	113699	62828		
113143	1	x	x	113329	1	x	x	113515	80729			113701	22744		
113145	60046			113331	110782			113517	256			113703	4		
113147	1	x	x	113333	21630			113519	48715			113705	16		
113149	1	x	x	113335	18874			113521	36906			113707	11361		
113151	4			113337	48829			113523	36943			113709	25579		
113153	1	x	x	113339	19180			113525	48816			113711	21590		
113155	71289			113341	1	x	x	113527	48151			113713	65536		
113157	106555			113343	4			113529	61018			113715	82849		
113159	1	x	x	113345	16			113531	1024			113717	1	x	x
113161	1	x	x	113347	65129			113533	17998			113719	1	x	x
113163	84187			113349	4			113535	55714			113721	4		
113165	71061			113351	64836			113537	1	x	x	113723	1	x	x
113167	1	x	x	113353	29755			113539	1	x	x	113725	59641		
113169	52735			113355	69844			113541	4			113727	76057		
113171	1	x	x	113357	1	x	x	113543	25462			113729	107858		
113173	1	x	x	113359	1	x	x	113545	16			113731	1	x	x
113175	78034			113361	60142			113547	26653			113733	256		
113177	1	x	x	113363	1	x	x	113549	12257			113735	109489		
113179	62758			113365	111126			113551	76846			113737	66626		
113181	99976			113367	69070			113553	67522			113739	68053		
113183	18454			113369	111633			113555	59199			113741	80575		

p	$2^{p-1} \bmod p$	PZK	PZ	p	$2^{p-1} \bmod p$	PZK	PZ	p	$2^{p-1} \bmod p$	PZK	PZ	p	$2^{p-1} \bmod p$	PZK	PZ
113743	64			113929	104358			114115	17689			114301	1024		
113745	84631			113931	256			114117	4			114303	19849		
113747	78918			113933	1	x	x	114119	14298			114305	16		
113749	1	x	x	113935	91164			114121	91155			114307	45062		
113751	60952			113937	98377			114123	48400			114309	74317		
113753	82534			113939	84163			114125	83341			114311	1	x	x
113755	68269			113941	37608			114127	56770			114313	100733		
113757	24763			113943	73078			114129	113116			114315	16384		
113759	1	x	x	113945	45061			114131	73065			114317	156		
113761	1	x	x	113947	1	x	x	114133	15857			114319	1	x	x
113763	105928			113949	79060			114135	34444			114321	98275		
113765	59186			113951	58833			114137	101173			114323	35204		
113767	74795			113953	87389			114139	85526			114325	43791		
113769	256			113955	44314			114141	4			114327	256		
113771	97582			113957	1	x	x	114143	1	x	x	114329	1	x	x
113773	11367			113959	58787			114145	23616			114331	64		
113775	16384			113961	4			114147	18742			114333	9505		
113777	1	x	x	113963	1	x	x	114149	105457			114335	110094		
113779	1	x	x	113965	10021			114151	34119			114337	103942		
113781	98752			113967	67918			114153	20653			114339	4		
113783	1	x	x	113969	1	x	x	114155	102939			114341	16039		
113785	47461			113971	10165			114157	1	x	x	114343	1	x	x
113787	108931			113973	4			114159	4			114345	112711		
113789	65367			113975	78109			114161	1	x	x	114347	47275		
113791	66416			113977	27389			114163	73193			114349	49579		
113793	14842			113979	4			114165	37021			114351	68092		
113795	38329			113981	1612			114167	1	x	x	114353	113344		
113797	1	x	x	113983	1	x	x	114169	97969			114355	68629		
113799	24385			113985	97411			114171	89629			114357	4		
113801	29389			113987	50470			114173	102366			114359	109748		
113803	94601			113989	1	x	x	114175	11759			114361	112867		
113805	43051			113991	4			114177	20983			114363	51115		
113807	73586			113993	79996			114179	56794			114365	79911		
113809	1	x	x	113995	57289			114181	44540			114367	82003		
113811	2578			113997	35590			114183	83443			114369	78718		
113813	108313			113999	26776			114185	66436			114371	1	x	x
113815	70784			114001	1	x	x	114187	12524			114373	64		
113817	41413			114003	53059			114189	34339			114375	25534		
113819	1	x	x	114005	106471			114191	11111			114377	1	x	x
113821	111758			114007	96844			114193	1	x	x	114379	76660		
113823	256			114009	56620			114195	16384			114381	64966		
113825	105141			114011	30424			114197	1	x	x	114383	109396		
113827	67488			114013	1	x	x	114199	1	x	x	114385	16		
113829	35080			114015	37504			114201	256			114387	18022		
113831	102087			114017	10849			114203	1	x	x	114389	63418		
113833	97413			114019	109637			114205	109201			114391	90740		
113835	16384			114021	78475			114207	4			114393	39475		
113837	1	x	x	114023	109769			114209	69792			114395	61439		
113839	29714			114025	15541			114211	23348			114397	104869		
113841	96079			114027	1969			114213	101644			114399	77719		
113843	1	x	x	114029	26037			114215	21614			114401	69596		
113845	16			114031	1	x	x	114217	1	x	x	114403	91307		
113847	62827			114033	4			114219	41332			114405	57121		
113849	48553			114035	91244			114221	1	x	x	114407	1	x	x
113851	58849			114037	113947			114223	85693			114409	74344		
113853	4			114039	256			114225	80116			114411	30361		
113855	60524			114041	1	x	x	114227	70408			114413	54850		
113857	18919			114043	1	x	x	114229	1	x	x	114415	14764		
113859	45913			114045	84811			114231	56476			114417	256		
113861	30669			114047	53166			114233	65340			114419	1	x	x
113863	105559			114049	70409			114235	26614			114421	15160		
113865	107476			114051	22117			114237	51745			114423	56245		
113867	84289			114053	105790			114239	87277			114425	29766		
113869	64			114055	68449			114241	41892			114427	91583		
113871	4			114057	78916			114243	4			114429	18715		
113873	94876			114059	52869			114245	111526			114431	27387		
113875	44534			114061	51223			114247	71821			114433	12390		
113877	256			114063	41860			114249	4			114435	92569		
113879	18028			114065	60461			114251	83412			114437	63306		
113881	76738			114067	1	x	x	114253	99805			114439	109732		
113883	19639			114069	11824			114255	83929			114441	72490		
113885	16			114071	69581			114257	14485			114443	32762		
113887	63504			114073	1	x	x	114259	1	x	x	114445	78446		
113889	4			114075	109984			114261	20227			114447	4		
113891	1	x	x	114077	1	x	x	114263	87068			114449	60711		
113893	4096			114079	61468			114265	16			114451	1	x	x
113895	39109			114081	4324			114267	95389			114453	72535		
113897	93732			114083	1	x	x	114269	1	x	x	114455	77984		
113899	1	x	x	114085	16			114271	51280			114457	35253		
113901	4			114087	40762			114273	256			114459	4		
113903	1	x	x	114089	1	x	x	114275	56359			114461	52070		
113905	10356			114091	33310			114277	1	x	x	114463	47350		
113907	36382			114093	99166			114279	40417			114465	66556		
113909	1	x	x	114095	57169			114281	1	x	x	114467	1	x	x
113911	64			114097	26239			114283	68847			114469	112564		
113913	14107			114099	47482			114285	90976			114471	105655		
113915	22799			114101	34492			114287	25313			114473	1	x	x
113917	99041			114103	80282			114289	50744			114475	109109		
113919	70867			114105	62026			114291	33817			114477	71245		
113921	1	x	x	114107	48967			114293	56770			114479	1	x	x
113923	11617			114109	8398			114295	45734			114481	1677		
113925	37216			114111	91327			114297	41077			114483	110302		
113927	52809			114113	1	x	x	114299	1	x	x	114485	44011		

p	$2^{p-1} \bmod p$	PZK	PZ	p	$2^{p-1} \bmod p$	PZK	PZ	p	$2^{p-1} \bmod p$	PZK	PZ	p	$2^{p-1} \bmod p$	PZK	PZ
114487	1	x	x	114673	4096			114859	1	x	x	115045	67761		
114489	256			114675	106309			114861	4			115047	36463		
114491	74552			114677	50243			114863	107914			115049	105614		
114493	1	x	x	114679	1	x	x	114865	16			115051	92766		
114495	7714			114681	16447			114867	256			115053	4		
114497	40892			114683	89514			114869	42057			115055	69049		
114499	10893			114685	16			114871	47968			115057	1	x	x
114501	4			114687	256			114873	85837			115059	13045		
114503	84258			114689	1	x	x	114875	108159			115061	1	x	x
114505	16			114691	1	x	x	114877	64			115063	17263		
114507	7762			114693	4			114879	82690			115065	26941		
114509	66138			114695	49219			114881	74792			115067	1	x	x
114511	105075			114697	32305			114883	1	x	x	115069	71832		
114513	75436			114699	13264			114885	55201			115071	95041		
114515	14754			114701	85016			114887	15989			115073	100522		
114517	38520			114703	2553			114889	1	x	x	115075	3884		
114519	105868			114705	61141			114891	14557			115077	45511		
114521	65715			114707	26921			114893	14217			115079	1	x	x
114523	102457			114709	96594			114895	84474			115081	45546		
114525	59791			114711	4			114897	4			115083	15475		
114527	65508			114713	1	x	x	114899	19054			115085	16		
114529	65536			114715	22959			114901	1	x	x	115087	95635		
114531	4			114717	4			114903	8581			115089	23695		
114533	74461			114719	21882			114905	92276			115091	6349		
114535	91644			114721	90960			114907	21774			115093	74265		
114537	15991			114723	2713			114909	4			115095	16384		
114539	111073			114725	105316			114911	84678			115097	9669		
114541	64			114727	28909			114913	1	x	x	115099	1	x	x
114543	1291			114729	31996			114915	43774			115101	114979		
114545	40006			114731	89126			114917	110889			115103	61043		
114547	1	x	x	114733	77808			114919	64			115105	16		
114549	4			114735	16384			114921	4324			115107	29482		
114551	75245			114737	65284			114923	53304			115109	8604		
114553	1	x	x	114739	60279			114925	113091			115111	105784		
114555	25834			114741	82336			114927	35989			115113	4		
114557	7356			114743	1	x	x	114929	59376			115115	11489		
114559	43991			114745	6296			114931	80941			115117	1	x	x
114561	90679			114747	60499			114933	22096			115119	256		
114563	114244			114749	1	x	x	114935	15369			115121	78696		
114565	25481			114751	87333			114937	65536			115123	1	x	x
114567	4			114753	104743			114939	8869			115125	9841		
114569	51704			114755	1414			114941	1	x	x	115127	1	x	x
114571	1	x	x	114757	1	x	x	114943	83071			115129	64		
114573	67690			114759	55750			114945	104116			115131	4		
114575	30934			114761	1	x	x	114947	98590			115133	1	x	x
114577	1	x	x	114763	53189			114949	15521			115135	92124		
114579	75172			114765	103471			114951	4			115137	57946		
114581	76771			114767	82429			114953	102061			115139	63093		
114583	64			114769	1	x	x	114955	26314			115141	56031		
114585	39301			114771	27826			114957	7456			115143	12289		
114587	35957			114773	1	x	x	114959	69326			115145	16		
114589	12655			114775	10884			114961	107955			115147	15036		
114591	4			114777	38515			114963	4			115149	27145		
114593	1	x	x	114779	59145			114965	16			115151	1	x	x
114595	46929			114781	1	x	x	114967	1	x	x	115153	1	x	x
114597	108238			114783	4			114969	110641			115155	94189		
114599	1	x	x	114785	64146			114971	58773			115157	16515		
114601	1	x	x	114787	95075			114973	1	x	x	115159	62065		
114603	4			114789	2470			114975	101434			115161	66748		
114605	16			114791	71232			114977	50133			115163	1	x	x
114607	3629			114793	75706			114979	86467			115165	111616		
114609	94933			114795	81499			114981	4			115167	75352		
114611	87523			114797	1	x	x	114983	11477			115169	58558		
114613	1	x	x	114799	1	x	x	114985	1301			115171	64		
114615	97969			114801	8212			114987	4			115173	68143		
114617	1	x	x	114803	110068			114989	49345			115175	29984		
114619	92137			114805	16			114991	105932			115177	22926		
114621	67180			114807	86755			114993	67945			115179	4		
114623	87975			114809	1	x	x	114995	65879			115181	46333		
114625	24466			114811	88198			114997	1	x	x	115183	1	x	x
114627	23431			114813	256			114999	4			115185	64516		
114629	101643			114815	22979			115001	1	x	x	115187	49895		
114631	55518			114817	92940			115003	16724			115189	28710		
114633	84460			114819	4			115005	16			115191	256		
114635	65114			114821	7583			115007	92660			115193	92706		
114637	60858			114823	60160			115009	97499			115195	46094		
114639	66658			114825	19891			115011	59557			115197	65290		
114641	1	x	x	114827	1	x	x	115013	1	x	x	115199	98744		
114643	1	x	x	114829	98541			115015	23019			115201	1	x	x
114645	85171			114831	47560			115017	13423			115203	84253		
114647	65829			114833	1	x	x	115019	1	x	x	115205	16		
114649	1	x	x	114835	32474			115021	1	x	x	115207	16798		
114651	256			114837	280			115023	86383			115209	256		
114653	112149			114839	15163			115025	48591			115211	1	x	x
114655	42874			114841	6848			115027	95137			115213	4096		
114657	4			114843	4			115029	256			115215	16384		
114659	1	x	x	114845	65576			115031	32930			115217	110481		
114661	1	x	x	114847	1	x	x	115033	105624			115219	48411		
114663	84808			114849	75415			115035	16384			115221	37063		
114665	53976			114851	4885			115037	57190			115223	1	x	x
114667	64			114853	56365			115039	32228			115225	35216		
114669	15322			114855	16384			115041	92164			115227	103387		
114671	1	x	x	114857	45014			115043	32203			115229	88953		

- 33 -

p	$2^{p-1} \bmod p$	PZK	PZ	p	$2^{p-1} \bmod p$	PZK	PZ	p	$2^{p-1} \bmod p$	PZK	PZ	p	$2^{p-1} \bmod p$	PZK	PZ
115231	20851			115417	31416			115603	1	x	x	115789	69068		
115233	34768			115419	643			115605	31126			115791	30970		
115235	30424			115421	1	x	x	115607	39207			115793	1	x	x
115237	1	x	x	115423	62385			115609	4096			115795	46334		
115239	84796			115425	113116			115611	50731			115797	101902		
115241	96693			115427	24580			115613	1	x	x	115799	3671		
115243	31641			115429	1	x	x	115615	40889			115801	83189		
115245	79231			115431	20962			115617	101593			115803	58927		
115247	63886			115433	77052			115619	9151			115805	61216		
115249	1	x	x	115435	92364			115621	109055			115807	1	x	x
115251	24394			115437	5800			115623	40522			115809	4		
115253	70251			115439	48381			115625	18216			115811	1	x	x
115255	31634			115441	56411			115627	9977			115813	44977		
115257	63712			115443	113062			115629	4			115815	69304		
115259	1	x	x	115445	32521			115631	1	x	x	115817	87129		
115261	69345			115447	17999			115633	64			115819	11553		
115263	98050			115449	3757			115635	50119			115821	15979		
115265	16			115451	16557			115637	1	x	x	115823	1	x	x
115267	108924			115453	109669			115639	111256			115825	55366		
115269	40450			115455	106159			115641	37084			115827	4		
115271	83899			115457	24996			115643	106154			115829	99346		
115273	31598			115459	1	x	x	115645	59661			115831	1	x	x
115275	24034			115461	256			115647	7753			115833	4		
115277	72317			115463	49569			115649	28149			115835	92684		
115279	1	x	x	115465	72661			115651	72339			115837	1	x	x
115281	256			115467	35770			115653	92743			115839	96124		
115283	29605			115469	1	x	x	115655	69409			115841	1024		
115285	16			115471	1	x	x	115657	1	x	x	115843	39740		
115287	109774			115473	107905			115659	19111			115845	85891		
115289	29334			115475	76059			115661	109307			115847	33513		
115291	56475			115477	22247			115663	1	x	x	115849	1	x	x
115293	4			115479	72076			115665	67171			115851	36139		
115295	46134			115481	65536			115667	43311			115853	1	x	x
115297	70526			115483	97168			115669	107533			115855	28114		
115299	18436			115485	39481			115671	4			115857	71887		
115301	1	x	x	115487	85465			115673	28089			115859	1	x	x
115303	1	x	x	115489	74517			115675	58759			115861	1	x	x
115305	62506			115491	100657			115677	256			115863	41749		
115307	100985			115493	97666			115679	1	x	x	115865	16		
115309	1	x	x	115495	46214			115681	71492			115867	25723		
115311	74218			115497	12523			115683	4			115869	15427		
115313	53299			115499	1	x	x	115685	86716			115871	49723		
115315	23079			115501	85853			115687	14936			115873	1	x	x
115317	109687			115503	4			115689	25897			115875	13909		
115319	1	x	x	115505	11521			115691	79474			115877	1	x	x
115321	1	x	x	115507	11026			115693	1	x	x	115879	1	x	x
115323	940			115509	36283			115695	60439			115881	48589		
115325	31516			115511	1024			115697	43308			115883	1	x	x
115327	1	x	x	115513	1	x	x	115699	48111			115885	75916		
115329	68335			115515	97924			115701	4			115887	4		
115331	1	x	x	115517	107426			115703	66180			115889	38081		
115333	62931			115519	45339			115705	77746			115891	1	x	x
115335	70834			115521	8887			115707	4			115893	95899		
115337	1	x	x	115523	1	x	x	115709	96968			115895	51529		
115339	64			115525	26091			115711	109456			115897	22012		
115341	4			115527	35317			115713	53023			115899	5485		
115343	1	x	x	115529	70421			115715	23159			115901	1	x	x
115345	28986			115531	30757			115717	2864			115903	1	x	x
115347	4			115533	110686			115719	41425			115905	62746		
115349	80538			115535	45754			115721	3916			115907	94323		
115351	101991			115537	90026			115723	82495			115909	84235		
115353	37930			115539	35878			115725	97516			115911	71077		
115355	69229			115541	14072			115727	1	x	x	115913	5098		
115357	21998			115543	94099			115729	55050			115915	7904		
115359	4			115545	85711			115731	25708			115917	4		
115361	1	x	x	115547	1	x	x	115733	1	x	x	115919	42508		
115363	1	x	x	115549	22541			115735	65509			**115921**	**1**	**x**	
115365	108676			115551	59647			115737	70915			115923	48913		
115367	82469			115553	1	x	x	115739	30768			115925	84016		
115369	64971			115555	44709			115741	1	x	x	115927	64		
115371	78313			115557	106570			115743	45514			115929	81139		
115373	61274			115559	39621			115745	24026			115931	1	x	x
115375	44784			115561	1	x	x	115747	53454			115933	1	x	x
115377	4			115563	8509			115749	47425			115935	93754		
115379	112357			115565	74931			115751	1	x	x	115937	90976		
115381	59725			115567	115540			115753	86871			115939	53175		
115383	4			115569	256			115755	16384			115941	5107		
115385	23001			115571	1	x	x	115757	1	x	x	115943	42508		
115387	92100			115573	90998			115759	101186			115945	16		
115389	256			115575	51109			115761	90853			115947	108463		
115391	56351			115577	26035			115763	1	x	x	115949	82987		
115393	39836			115579	39473			115765	114791			115951	105414		
115395	84844			115581	29536			115767	63013			115953	4		
115397	105792			115583	105804			115769	1	x	x	115955	92339		
115399	1	x	x	115585	16			115771	1	x	x	115957	55215		
115401	58015			115587	57469			115773	114559			115959	4		
115403	59332			115589	1	x	x	115775	56809			115961	30452		
115405	16			115591	33090			115777	1	x	x	115963	1	x	x
115407	256			115593	25132			115779	4			115965	109471		
115409	66012			115595	64034			115781	1	x	x	115967	33391		
115411	46879			115597	1	x	x	115783	1	x	x	115969	64		
115413	62593			115599	91303			115785	42331			115971	101650		
115415	3674			115601	1	x	x	115787	96343			115973	80161		

p	$2^{p-1} \bmod p$	PZK	PZ	p	$2^{p-1} \bmod p$	PZK	PZ	p	$2^{p-1} \bmod p$	PZK	PZ	p	$2^{p-1} \bmod p$	PZK	PZ
115975	16509			116161	65536			116347	19776			116533	1	x	x
115977	51961			116163	256			116349	4			116535	87529		
115979	1	x	x	116165	87936			116351	1	x	x	116537	1	x	x
115981	1	x	x	116167	1	x	x	116353	34042			116539	1	x	x
115983	56326			116169	4			116355	16384			116541	70996		
115985	16			116171	18987			116357	96514			116543	83309		
115987	1	x	x	116173	37331			116359	1	x	x	116545	53366		
115989	115384			116175	89734			116361	81085			116547	97156		
115991	79182			116177	1	x	x	116363	48851			116549	1	x	x
115993	85997			116179	50191			116365	79576			116551	38598		
115995	84364			116181	41674			116367	95932			116553	4		
115997	28632			116183	45942			116369	28405			116555	69949		
115999	93326			116185	61856			116371	1	x	x	116557	64		
116001	256			116187	4			116373	4			116559	23530		
116003	69094			116189	1	x	x	116375	29409			116561	53690		
116005	16			116191	1	x	x	116377	110224			116563	33542		
116007	4			116193	100489			116379	84982			116565	9316		
116009	1	x	x	116195	40804			116381	1	x	x	116567	22218		
116011	64			116197	111444			116383	10384			116569	65536		
116013	4			116199	256			116385	39661			116571	9286		
116015	23219			116201	1	x	x	116387	1	x	x	116573	5588		
116017	96105			116203	78652			116389	51507			116575	41709		
116019	49882			116205	9541			116391	54748			116577	256		
116021	4587			116207	79011			116393	35201			116579	1	x	x
116023	60998			116209	107091			116395	46574			116581	44392		
116025	46666			116211	4			116397	42160			116583	4		
116027	1	x	x	116213	87679			116399	8190			116585	43486		
116029	100389			116215	32719			116401	53422			116587	15206		
116031	4			116217	37219			116403	101224			116589	40516		
116033	10048			116219	69169			116405	2031			116591	55305		
116035	20189			116221	64			116407	82188			116593	1	x	x
116037	256			116223	5953			116409	4			116595	78709		
116039	113787			116225	40816			116411	1	x	x	116597	102755		
116041	1	x	x	116227	81101			116413	91568			116599	64		
116043	9622			116229	91204			116415	80149			116601	4		
116045	16			116231	41810			116417	99850			116603	72186		
116047	1	x	x	116233	4096			116419	110177			116605	16		
116049	23053			116235	80959			116421	787			116607	93157		
116051	44054			116237	96127			116423	1	x	x	116609	61853		
116053	87627			116239	1	x	x	116425	12016			116611	1024		
116055	80329			116241	4			116427	64423			116613	32953		
116057	79112			116243	1	x	x	116429	20174			116615	59954		
116059	79190			116245	59536			116431	64			116617	45364		
116061	56134			116247	4			116433	109651			116619	4		
116063	88070			116249	83099			116435	53949			116621	25210		
116065	17161			116251	112513			116437	1	x	x	116623	102777		
116067	3973			116253	256			116439	114508			116625	24466		
116069	50447			116255	69769			116441	82059			116627	16725		
116071	65025			116257	1	x	x	116443	1	x	x	116629	113077		
116073	62167			116259	51835			116445	88666			116631	256		
116075	67059			116261	77069			116447	1	x	x	116633	21080		
116077	4096			116263	34455			116449	56032			116635	93324		
116079	4			116265	40696			116451	111577			116637	113440		
116081	38229			116267	44535			116453	24236			116639	1	x	x
116083	31772			116269	1	x	x	116455	69889			116641	102544		
116085	11986			116271	256			116457	43723			116643	31168		
116087	10288			116273	1	x	x	116459	89980			116645	31586		
116089	1	x	x	116275	1059			116461	1	x	x	116647	78806		
116091	256			116277	18694			116463	4			116649	4000		
116093	45049			116279	1	x	x	116465	16			116651	5865		
116095	105974			116281	34783			116467	46006			116653	94368		
116097	4			116283	65302			116469	256			116655	94924		
116099	1	x	x	116285	24586			116471	1	x	x	116657	1	x	x
116101	1	x	x	116287	61246			116473	77337			116659	75973		
116103	31399			116289	33763			116475	72259			116661	80323		
116105	51441			116291	30032			116477	83849			116663	1	x	x
116107	1	x	x	116293	1	x	x	116479	53969			116665	16		
116109	110380			116295	16384			116481	56704			116667	72049		
116111	53476			116297	65536			116483	1	x	x	116669	109426		
116113	1	x	x	116299	29546			116485	16			116671	72399		
116115	16384			116301	4			116487	8320			116673	4		
116117	57618			116303	102117			116489	90476			116675	9409		
116119	44855			116305	5706			116491	1	x	x	116677	107094		
116121	4			116307	256			116493	96664			116679	22519		
116123	43206			116309	42120			116495	15679			116681	1	x	x
116125	70341			116311	49854			116497	486			116683	43471		
116127	42700			116313	74014			116499	4			116685	25726		
116129	13029			116315	61709			116501	42142			116687	1	x	x
116131	1	x	x	116317	52293			116503	87884			116689	1	x	x
116133	4			116319	17812			116505	44131			116691	10771		
116135	92924			116321	83306			116507	1	x	x	116693	29458		
116137	96909			116323	97088			116509	38048			116695	46694		
116139	4			116325	92416			116511	4777			116697	115000		
116141	1	x	x	116327	20962			116513	104423			116699	24302		
116143	32476			116329	1	x	x	116515	98624			116701	57305		
116145	63076			116331	104197			116517	4			116703	256		
116147	103206			116333	16683			116519	75800			116705	78626		
116149	96055			116335	104374			116521	99780			116707	1	x	x
116151	3217			116337	56377			116523	60196			116709	4		
116153	37634			116339	4128			116525	55641			116711	100102		
116155	82419			116341	1	x	x	116527	72021			116713	103634		
116157	102271			116343	109093			116529	54289			116715	16384		
116159	1	x	x	116345	16			116531	1	x	x	116717	102426		

p	$2^{p-1} \bmod p$	PZK	PZ	p	$2^{p-1} \bmod p$	PZK	PZ	p	$2^{p-1} \bmod p$	PZK	PZ	p	$2^{p-1} \bmod p$	PZK	PZ
116719	1	x	x	116905	88556			117091	13103			117277	33520		
116721	60061			116907	35536			117093	44278			117279	105772		
116723	36821			116909	8856			117095	46964			117281	1	x	x
116725	80991			116911	1	x	x	117097	83417			117283	58637		
116727	42007			116913	4			117099	11137			117285	104101		
116729	83048			116915	67559			117101	1	x	x	117287	15224		
116731	1	x	x	116917	54786			117103	64			117289	30736		
116733	68164			116919	56587			117105	113116			117291	4		
116735	36614			116921	16767			117107	53743			117293	96991		
116737	56423			116923	1	x	x	117109	1	x	x	117295	46934		
116739	100678			116925	33991			117111	49756			117297	256		
116741	1	x	x	116927	1	x	x	117113	105044			117299	4209		
116743	43476			116929	1	x	x	117115	79144			117301	88356		
116745	27961			116931	4			117117	44482			117303	79243		
116747	1	x	x	116933	1	x	x	117119	1	x	x	117305	82396		
116749	107407			116935	64			117121	97019			117307	1	x	x
116751	4			116937	52258			117123	4			117309	4		
116753	84737			116939	78871			117125	69466			117311	42283		
116755	64759			116941	1024			117127	1	x	x	117313	64		
116757	256			116943	76666			117129	4			117315	60439		
116759	111253			116945	44826			117131	11664			117317	116109		
116761	60893			116947	100214			117133	1	x	x	117319	1	x	x
116763	4			116949	112984			117135	69169			117321	4		
116765	6231			116951	33520			117137	37533			117323	52292		
116767	80767			116953	1	x	x	117139	116438			117325	91391		
116769	4			116955	63139			117141	4			117327	29530		
116771	61626			116957	19141			117143	103217			117329	1	x	x
116773	51798			116959	1	x	x	117145	106436			117331	1	x	x
116775	112009			116961	69442			117147	108022			117333	256		
116777	101620			116963	57633			117149	101471			117335	29094		
116779	16860			116965	49051			117151	27626			117337	11691		
116781	52651			116967	77224			117153	97348			117339	4		
116783	64095			116969	1	x	x	117155	70309			117341	50353		
116785	16			116971	42761			117157	106730			117343	33162		
116787	93520			116973	113197			117159	88519			117345	86791		
116789	1	x	x	116975	12359			117161	1024			117347	1000		
116791	1	x	x	116977	106506			117163	1	x	x	117349	103858		
116793	36850			116979	4			117165	23656			117351	64120		
116795	75154			116981	1	x	x	117167	1	x	x	117353	1	x	x
116797	1	x	x	116983	35360			117169	4096			117355	73319		
116799	4			116985	11236			117171	26059			117357	4		
116801	23060			116987	31093			117173	19245			117359	78873		
116803	1	x	x	116989	1	x	x	117175	104359			117361	1	x	x
116805	32236			116991	65839			117177	25975			117363	51532		
116807	93020			116993	1	x	x	117179	10536			117365	16		
116809	44003			116995	46814			117181	27573			117367	47300		
116811	256			116997	58549			117183	13567			117369	95134		
116813	15927			116999	88500			117185	114151			117371	1	x	x
116815	68849			117001	89095			117187	64			117373	1	x	x
116817	94750			117003	53164			117189	3388			117375	57784		
116819	1	x	x	117005	71836			117191	1	x	x	117377	40212		
116821	109154			117007	36562			117193	1	x	x	117379	34276		
116823	113992			117009	256			117195	80149			117381	81874		
116825	71241			117011	113717			117197	58905			117383	83890		
116827	1	x	x	117013	4096			117199	56898			117385	111606		
116829	49018			117015	10444			117201	110968			117387	256		
116831	77100			117017	1	x	x	117203	1	x	x	117389	1	x	x
116833	1	x	x	117019	32705			117205	83066			117391	79989		
116835	16384			117021	77923			117207	114979			117393	43021		
116837	83519			117023	1	x	x	117209	1	x	x	117395	60934		
116839	25335			117025	42641			117211	21918			117397	66683		
116841	30499			117027	256			117213	23713			117399	4		
116843	82291			117029	11663			117215	16809			117401	72425		
116845	16			117031	97617			117217	85616			117403	22697		
116847	256			117033	112312			117219	1630			117405	5611		
116849	1	x	x	117035	115109			117221	99219			117407	97749		
116851	64			117037	1	x	x	117223	1	x	x	117409	107207		
116853	35281			117039	111544			117225	86341			117411	109288		
116855	70129			117041	1	x	x	117227	75623			117413	1	x	x
116857	27509			117043	1	x	x	117229	64			117415	69484		
116859	4			117045	62491			117231	90628			117417	4		
116861	10819			117047	33644			117233	50427			117419	93164		
116863	32965			117049	98783			117235	93804			117421	55589		
116865	113656			117051	36235			117237	4			117423	60331		
116867	1	x	x	117053	1	x	x	117239	1	x	x	117425	16		
116869	16104			117055	104329			117241	1	x	x	117427	1	x	x
116871	82249			117057	4			117243	115987			117429	22447		
116873	114519			117059	9440			117245	17121			117431	1	x	x
116875	24909			117061	56561			117247	29444			117433	49150		
116877	4			117063	256			117249	7549			117435	16384		
116879	42205			117065	83021			117251	1	x	x	117437	1	x	x
116881	1	x	x	117067	97640			117253	73002			117439	15226		
116883	56983			117069	4			117255	16384			117441	256		
116885	16			117071	1	x	x	117257	32986			117443	1	x	x
116887	54803			117073	64222			117259	1	x	x	117445	12321		
116889	38638			117075	36859			117261	79069			117447	5245		
116891	5493			117077	34092			117263	13083			117449	8737		
116893	64			117079	52832			117265	95306			117451	59287		
116895	16384			117081	256			117267	4			117453	86461		
116897	86040			117083	2503			117269	1	x	x	117455	72069		
116899	42043			117085	16			117271	2157			117457	19263		
116901	44734			117087	68326			117273	102397			117459	89257		
116903	1	x	x	117089	64822			117275	114784			117461	98490		

p	$2^{p-1} \bmod p$	PZK	PZ	p	$2^{p-1} \bmod p$	PZK	PZ	p	$2^{p-1} \bmod p$	PZK	PZ	p	$2^{p-1} \bmod p$	PZK	PZ
117463	79431			117649	76308			117835	94284			118021	97427		
117465	28921			117651	4			117837	256			118023	4		
117467	25468			117653	4051			117839	1	x	x	118025	17666		
117469	64199			117655	70609			117841	1	x	x	118027	96797		
117471	4			117657	90985			117843	61318			118029	4		
117473	21267			117659	1	x	x	117845	116041			118031	60975		
117475	51309			117661	34360			117847	98494			118033	1	x	x
117477	83875			117663	16384			117849	112321			118035	16384		
117479	68859			117665	59366			117851	1	x	x	118037	1	x	x
117481	10375			117667	82993			117853	7662			118039	110895		
117483	4			117669	14530			117855	7654			118041	65440		
117485	16			117671	1	x	x	117857	63648			118043	1	x	x
117487	113913			117673	1	x	x	117859	113968			118045	16		
117489	4			117675	66334			117861	8890			118047	55921		
117491	62976			117677	33686			117863	79628			118049	84451		
117493	6192			117679	1	x	x	117865	109301			118051	1	x	x
117495	36859			117681	4			117867	107578			118053	113044		
117497	1	x	x	117683	59065			117869	72059			118055	33364		
117499	1	x	x	117685	16			117871	40364			118057	1	x	x
117501	45940			117687	4			117873	37804			118059	111775		
117503	1	x	x	117689	18736			117875	7159			118061	1	x	x
117505	40201			117691	59963			117877	1	x	x	118063	108354		
117507	4294			117693	17050			117879	4			118065	115261		
117509	16851			117695	47094			117881	1	x	x	118067	95111		
117511	1	x	x	117697	2912			117883	1	x	x	118069	88831		
117513	37525			117699	4			117885	18286			118071	44536		
117515	27244			117701	1	x	x	117887	68847			118073	12502		
117517	1	x	x	117703	1	x	x	117889	1	x	x	118075	86134		
117519	13807			117705	81001			117891	256			118077	4		
117521	49539			117707	10976			117893	6607			118079	59342		
117523	48007			117709	1	x	x	117895	72059			118081	1	x	x
117525	116941			117711	105205			117897	99199			118083	103912		
117527	93342			117713	58548			117899	1	x	x	118085	59581		
117529	1	x	x	117715	115959			117901	64			118087	94372		
117531	52528			117717	4			117903	4			118089	256		
117533	85465			117719	44025			117905	16			118091	53586		
117535	25954			117721	1	x	x	117907	9626			118093	1	x	x
117537	43726			117723	4			117909	74803			118095	16384		
117539	1	x	x	117725	108391			117911	1	x	x	118097	16935		
117541	1	x	x	117727	1	x	x	117913	52225			118099	3013		
117543	4			117729	74299			117915	19114			118101	4		
117545	16			117731	1	x	x	117917	1	x	x	118103	76070		
117547	82597			117733	3326			117919	79253			118105	24636		
117549	25231			117735	25339			117921	53338			118107	112297		
117551	17698			117737	58152			117923	11047			118109	6567		
117553	21063			117739	109801			117925	51191			118111	96335		
117555	93079			117741	21940			117927	256			118113	4		
117557	54459			117743	57643			117929	37452			118115	23639		
117559	31225			117745	16			117931	86373			118117	57340		
117561	60676			117747	44860			117933	54004			118119	4		
117563	1	x	x	117749	38838			117935	30014			118121	76630		
117565	5041			117751	1	x	x	117937	1	x	x	118123	94285		
117567	256			117753	4			117939	4			118125	97591		
117569	90158			117755	52629			117941	74421			118127	1	x	x
117571	1	x	x	117757	1	x	x	117943	115165			118129	86936		
117573	4			117759	29644			117945	23836			118131	44074		
117575	109784			117761	67356			117947	94402			118133	9944		
117577	1	x	x	117763	1	x	x	117949	742			118135	94524		
117579	10651			117765	11056			117951	4			118137	111877		
117581	60533			117767	22214			117953	43916			118139	103791		
117583	49728			117769	3945			117955	84739			118141	88847		
117585	88006			117771	35143			117957	67750			118143	256		
117587	84162			117773	1	x	x	117959	1	x	x	118145	16		
117589	72453			117775	34259			117961	89745			118147	1	x	x
117591	75949			117777	17026			117963	105880			118149	4		
117593	66698			117779	1	x	x	117965	16			118151	29107		
117595	97619			117781	57577			117967	116315			118153	64		
117597	4			117783	91066			117969	4			118155	16384		
117599	63000			117785	16			117971	110490			118157	15577		
117601	1024			117787	1	x	x	117973	1	x	x	118159	63391		
117603	87637			117789	89842			117975	102184			118161	1795		
117605	89671			117791	9991			117977	1	x	x	118163	1	x	x
117607	116768			117793	52599			117979	1	x	x	118165	16		
117609	14440			117795	16384			117981	256			118167	17812		
117611	78998			117797	1	x	x	117983	11954			118169	1	x	x
117613	96434			117799	43860			117985	113786			118171	1	x	x
117615	16384			117801	80095			117987	27901			118173	87784		
117617	1	x	x	117803	16893			117989	1	x	x	118175	74384		
117619	1	x	x	117805	16			117991	1	x	x	118177	66078		
117621	54247			117807	57607			117993	35923			118179	46858		
117623	36359			117809	1	x	x	117995	47214			118181	101362		
117625	73841			117811	1	x	x	117997	27828			118183	58642		
117627	4			117813	31288			117999	22747			118185	40021		
117629	30842			117815	23579			118001	103119			118187	55608		
117631	33165			117817	64			118003	109177			118189	1	x	x
117633	101038			117819	40954			118005	63586			118191	4		
117635	100879			117821	1024			118007	76665			118193	27883		
117637	4096			117823	110365			118009	26126			118195	92009		
117639	54634			117825	59566			118011	19003			118197	108976		
117641	6699			117827	9371			118013	17726			118199	38188		
117643	1	x	x	117829	44909			118015	23619			118201	100794		
117645	102316			117831	42130			118017	75208			118203	80077		
117647	44648			117833	1	x	x	118019	65398			118205	48021		

p	2^{p-1} mod p	PZK	PZ	p	2^{p-1} mod p	PZK	PZ	p	2^{p-1} mod p	PZK	PZ	p	2^{p-1} mod p	PZK	PZ
118207	92982			118393	82042			118579	53268			118765	16		
118209	87616			118395	89194			118581	58900			118767	71938		
118211	1	x	x	118397	5672			118583	1	x	x	118769	47896		
118213	1	x	x	118399	1	x	x	118585	40701			118771	31089		
118215	11029			118401	100453			118587	99880			118773	81742		
118217	47936			118403	35018			118589	1	x	x	118775	115459		
118219	1	x	x	118405	97511			118591	1024			118777	36426		
118221	19978			118407	24307			118593	256			118779	77218		
118223	50731			118409	1	x	x	118595	47454			118781	113740		
118225	107491			118411	1	x	x	118597	36496			118783	17291		
118227	4			118413	87052			118599	55852			118785	40141		
118229	52277			118415	20674			118601	84779			118787	1	x	x
118231	51389			118417	4096			118603	1	x	x	118789	33421		
118233	42133			118419	101224			118605	63826			118791	94396		
118235	19809			118421	81652			118607	85383			118793	72429		
118237	49848			118423	1	x	x	118609	65536			118795	67744		
118239	107605			118425	48841			118611	102721			118797	98200		
118241	72090			118427	96992			118613	26646			118799	1	x	x
118243	79105			118429	1	x	x	118615	96209			118801	1	x	x
118245	87331			118431	256			118617	45568			118803	84778		
118247	1	x	x	118433	13337			118619	1	x	x	118805	16		
118249	1	x	x	118435	94764			118621	1	x	x	118807	45759		
118251	2146			118437	9997			118623	4			118809	107086		
118253	1	x	x	118439	37668			118625	47466			118811	15115		
118255	88569			118441	84322			118627	34685			118813	57357		
118257	4			118443	11821			118629	65587			118815	80464		
118259	1	x	x	118445	16			118631	111671			118817	70257		
118261	17018			118447	64			118633	1	x	x	118819	1	x	x
118263	52882			118449	71104			118635	17044			118821	4		
118265	16			118451	101960			118637	16556			118823	99359		
118267	983			118453	1	x	x	118639	20855			118825	107766		
118269	11236			118455	61414			118641	53650			118827	59413		
118271	2531			118457	1	x	x	118643	63856			118829	75882		
118273	1	x	x	118459	27635			118645	80601			118831	1	x	x
118275	76234			118461	100888			118647	256			118833	1621		
118277	1	x	x	118463	1	x	x	118649	17306			118835	95084		
118279	111413			118465	73651			118651	104493			118837	29509		
118281	1858			118467	256			118653	4			118839	97864		
118283	65542			118469	51977			118655	3159			118841	86539		
118285	26461			118471	1	x	x	118657	39411			118843	1	x	x
118287	95242			118473	105367			118659	111559			118845	32746		
118289	116044			118475	35359			118661	1	x	x	118847	86509		
118291	4624			118477	14119			118663	27509			118849	36891		
118293	5611			118479	19495			118665	75046			118851	94588		
118295	111384			118481	1024			118667	41079			118853	34022		
118297	1	x	x	118483	93477			118669	1	x	x	118855	49329		
118299	70636			118485	75316			118671	99208			118857	4		
118301	16018			118487	93027			118673	1	x	x	118859	28649		
118303	79454			118489	64			118675	21609			118861	1	x	x
118305	65686			118491	27307			118677	3025			118863	50584		
118307	84569			118493	1	x	x	118679	108914			118865	16		
118309	90315			118495	106599			118681	1	x	x	118867	64		
118311	68146			118497	4			118683	256			118869	4		
118313	33179			118499	19980			118685	1801			118871	4243		
118315	23679			118501	102588			118687	1	x	x	118873	1	x	x
118317	4			118503	111577			118689	4			118875	89284		
118319	59692			118505	112396			118691	1	x	x	118877	9777		
118321	64			118507	86449			118693	24758			118879	45750		
118323	256			118509	4			118695	65584			118881	256		
118325	93391			118511	30997			118697	106562			118883	80691		
118327	108161			118513	98150			118699	58381			118885	101076		
118329	4			118515	16384			118701	85603			118887	74020		
118331	92845			118517	50857			118703	102697			118889	31979		
118333	2702			118519	4915			118705	16			118891	1	x	x
118335	39274			118521	44482			118707	4			118893	4		
118337	65536			118523	102363			118709	1	x	x	118895	74454		
118339	76920			118525	3041			118711	44587			118897	1	x	x
118341	58684			118527	4			118713	98872			118899	111235		
118343	1	x	x	118529	1	x	x	118715	23759			118901	1	x	x
118345	16			118531	88313			118717	1	x	x	118903	1	x	x
118347	71314			118533	4			118719	32629			118905	63946		
118349	101929			118535	51809			118721	20049			118907	1	x	x
118351	25442			118537	98225			118723	80414			118909	64		
118353	4			118539	256			118725	85666			118911	28747		
118355	71029			118541	26009			118727	52537			118913	1	x	x
118357	13799			118543	1	x	x	118729	4096			118915	73784		
118359	256			118545	11281			118731	74845			118917	35077		
118361	1	x	x	118547	53414			118733	76680			118919	86044		
118363	71051			118549	1	x	x	118735	95004			118921	53021		
118365	17026			118551	16609			118737	37534			118923	116008		
118367	39342			118553	28786			118739	1	x	x	118925	54041		
118369	1	x	x	118555	1484			118741	64			118927	1	x	x
118371	104248			118557	5602			118743	4			118929	15580		
118373	1	x	x	118559	33938			118745	34171			118931	1	x	x
118375	55409			118561	116071			118747	1	x	x	118933	31649		
118377	109246			118563	4			118749	70066			118935	76099		
118379	63337			118565	98941			118751	1	x	x	118937	116496		
118381	45822			118567	74837			118753	117367			118939	93904		
118383	4			118569	53188			118755	40954			118941	27307		
118385	16			118571	1	x	x	118757	1	x	x	118943	66246		
118387	1	x	x	118573	20203			118759	77343			118945	16		
118389	26110			118575	16384			118761	65752			118947	7783		
118391	40791			118577	80540			118763	82715			118949	16557		

p	$2^{p-1} \bmod p$	PZK	PZ	p	$2^{p-1} \bmod p$	PZK	PZ	p	$2^{p-1} \bmod p$	PZK	PZ	p	$2^{p-1} \bmod p$	PZK	PZ
118951	64			119137	73965			119323	114669			119509	83565		
118953	256			119139	24265			119325	6841			119511	79258		
118955	8609			119141	1024			119327	116061			119513	1	x	x
118957	27355			119143	13973			119329	64			119515	111094		
118959	72928			119145	111406			119331	256			119517	4		
118961	80701			119147	34106			119333	43731			119519	89123		
118963	22398			119149	61472			119335	95519			119521	105804		
118965	38791			119151	98860			119337	4			119523	4		
118967	1	x	x	119153	61286			119339	99014			119525	27491		
118969	101521			119155	71509			119341	26987			119527	92561		
118971	256			119157	4			119343	93832			119529	79258		
118973	1	x	x	119159	1	x	x	119345	16			119531	52295		
118975	11259			119161	34707			119347	89805			119533	1	x	x
118977	4			119163	74716			119349	88978			119535	102574		
118979	11573			119165	16			119351	54529			119537	33625		
118981	35387			119167	15406			119353	4096			119539	64		
118983	110275			119169	256			119355	16384			119541	4		
118985	93271			119171	41246			119357	82721			119543	64533		
118987	24649			119173	1	x	x	119359	1	x	x	119545	16		
118989	5872			119175	107209			119361	65539			119547	67306		
118991	46196			119177	5411			119363	1	x	x	119549	1	x	x
118993	52186			119179	1	x	x	119365	16			119551	1	x	x
118995	16384			119181	4			119367	24610			119553	92152		
118997	105569			119183	1	x	x	119369	53417			119555	71749		
118999	110141			119185	57656			119371	64			119557	1	x	x
119001	4			119187	6583			119373	4			119559	38470		
119003	37147			119189	85199			119375	101784			119561	13601		
119005	16			119191	1	x	x	119377	106686			119563	1	x	x
119007	87574			119193	106819			119379	119188			119565	52006		
119009	55157			119195	91714			119381	29110			119567	92661		
119011	59779			119197	110202			119383	22730			119569	1	x	x
119013	4			119199	4			119385	87196			119571	4		
119015	104114			119201	53348			119387	66039			119573	41665		
119017	65536			119203	64			119389	1	x	x	119575	17584		
119019	73522			119205	55606			119391	93751			119577	47536		
119021	65865			119207	44372			119393	24593			119579	75388		
119023	49737			119209	72935			119395	47774			119581	25026		
119025	100066			119211	90478			119397	4			119583	88492		
119027	1	x	x	119213	30442			119399	116867			119585	16		
119029	7352			119215	75129			119401	48139			119587	31693		
119031	101575			119217	2818			119403	256			119589	4		
119033	1	x	x	119219	20044			119405	27901			119591	1	x	x
119035	112519			119221	37484			119407	809			119593	60405		
119037	4			119223	37795			119409	87319			119595	4		
119039	1	x	x	119225	98266			119411	6251			119597	64921		
119041	4096			119227	1	x	x	119413	66557			119599	91803		
119043	87655			119229	67741			119415	102604			119601	89275		
119045	117881			119231	68196			119417	1	x	x	119603	46116		
119047	1	x	x	119233	1	x	x	119419	1	x	x	119605	25281		
119049	96184			119235	16384			119421	113683			119607	4		
119051	94286			119237	1	x	x	119423	96784			119609	5791		
119053	100632			119239	76627			119425	63241			119611	1	x	x
119055	16384			119241	256			119427	116785			119613	958		
119057	1	x	x	119243	1	x	x	119429	1	x	x	119615	18734		
119059	6990			119245	41021			119431	68405			119617	1	x	x
119061	256			119247	4			119433	47023			119619	256		
119063	19931			119249	95826			119435	95564			119621	32831		
119065	16			119251	90982			119437	68218			119623	64863		
119067	5152			119253	14479			119439	7177			119625	83341		
119069	1	x	x	119255	22249			119441	20050			119627	1	x	x
119071	21546			119257	32583			119443	30167			119629	73354		
119073	51703			119259	256			119445	88051			119631	4		
119075	75509			119261	37377			119447	1	x	x	119633	1	x	x
119077	64			119263	117773			119449	11883			119635	41409		
119079	71428			119265	111796			119451	56380			119637	96268		
119081	11436			119267	1	x	x	119453	35812			119639	40908		
119083	1	x	x	119269	103494			119455	107059			119641	108551		
119085	1546			119271	69967			119457	118660			119643	67114		
119087	1	x	x	119273	53783			119459	9320			119645	16		
119089	1	x	x	119275	909			119461	65259			119647	71322		
119091	7543			119277	61645			119463	4			119649	4		
119093	59062			119279	21572			119465	16			119651	102622		
119095	47654			119281	96438			119467	34550			119653	1	x	x
119097	87844			119283	4			119469	92824			119655	80734		
119099	1	x	x	119285	16			119471	1024			119657	1	x	x
119101	1	x	x	119287	64			119473	79560			119659	1	x	x
119103	61783			119289	69412			119475	18184			119661	4		
119105	66026			119291	1	x	x	119477	116744			119663	30341		
119107	1	x	x	119293	1	x	x	119479	81166			119665	67341		
119109	4			119295	16384			119481	4			119667	103591		
119111	48998			119297	1	x	x	119483	91842			119669	86078		
119113	83415			119299	1	x	x	119485	58516			119671	1	x	x
119115	118804			119301	100174			119487	4			119673	256		
119117	87357			119303	44103			119489	1	x	x	119675	89734		
119119	10893			119305	16476			119491	111879			119677	1	x	x
119121	37432			119307	4			119493	70294			119679	14914		
119123	20896			119309	108132			119495	47814			119681	73174		
119125	60841			119311	1	x	x	119497	11803			119683	56646		
119127	4			119313	17860			119499	33172			119685	10636		
119129	1	x	x	119315	78409			119501	23196			119687	1	x	x
119131	1	x	x	119317	87800			119503	1	x	x	119689	1	x	x
119133	103513			119319	55405			119505	26986			119691	115600		
119135	95324			119321	1	x	x	119507	89285			119693	51361		

p	$2^{p-1} \bmod p$	PZK	PZ	p	$2^{p-1} \bmod p$	PZK	PZ	p	$2^{p-1} \bmod p$	PZK	PZ	p	$2^{p-1} \bmod p$	PZK	PZ
119695	66019			119881	1	x	x	120067	1	x	x	120253	104546		
119697	106795			119883	95602			120069	110362			120255	16384		
119699	1	x	x	119885	16			120071	118197			120257	40905		
119701	1	x	x	119887	72945			120073	96217			120259	102602		
119703	4			119889	73714			120075	110659			120261	4		
119705	81261			119891	1	x	x	120077	1	x	x	120263	12126		
119707	5993			119893	6886			120079	1	x	x	120265	31566		
119709	31837			119895	16384			120081	101890			120267	54058		
119711	92999			119897	114263			120083	60968			120269	115572		
119713	98971			119899	95939			120085	85401			120271	83498		
119715	61159			119901	51730			120087	31909			120273	119365		
119717	31723			119903	66992			120089	49784			120275	18959		
119719	22706			119905	16			120091	1	x	x	120277	1	x	x
119721	90808			119907	80851			120093	4			120279	4		
119723	1	x	x	119909	16015			120095	48054			120281	51613		
119725	15716			119911	31879			120097	1	x	x	120283	1	x	x
119727	104665			119913	4			120099	87784			120285	108256		
119729	102727			119915	2739			120101	106848			120287	27294		
119731	93708			119917	111630			120103	1	x	x	120289	76467		
119733	118738			119919	105052			120105	49216			120291	17437		
119735	93879			119921	1	x	x	120107	13335			120293	1	x	x
119737	1	x	x	119923	1	x	x	120109	22421			120295	31669		
119739	99079			119925	76891			120111	4			120297	4		
119741	54585			119927	36554			120113	68700			120299	1	x	x
119743	116440			119929	1	x	x	120115	24039			120301	66631		
119745	103126			119931	89128			120117	4			120303	256		
119747	1	x	x	119933	77345			120119	44833			120305	16		
119749	64			119935	32024			120121	1	x	x	120307	110394		
119751	45388			119937	4			120123	114007			120309	86104		
119753	5522			119939	110027			120125	10091			120311	86460		
119755	40259			119941	101557			120127	36744			120313	35659		
119757	109558			119943	256			120129	99340			120315	21064		
119759	1	x	x	119945	6211			120131	67354			120317	78686		
119761	24273			119947	68031			120133	4096			120319	1	x	x
119763	106600			119949	4			120135	16384			120321	30901		
119765	27471			119951	96366			120137	28193			120323	34442		
119767	81242			119953	1	x	x	120139	115060			120325	52041		
119769	37969			119955	40309			120141	49522			120327	57994		
119771	1	x	x	119957	41586			120143	58470			120329	77597		
119773	1	x	x	119959	64			120145	16			120331	1	x	x
119775	62584			119961	10408			120147	21076			120333	4		
119777	3117			119963	1	x	x	120149	40179			120335	58409		
119779	99025			119965	16			120151	2846			120337	64		
119781	256			119967	4			120153	98311			120339	80041		
119783	1	x	x	119969	65536			120155	107284			120341	22610		
119785	16			119971	1	x	x	120157	1	x	x	120343	8904		
119787	4			119973	88792			120159	15682			120345	3391		
119789	53723			119975	14309			120161	34905			120347	8005		
119791	8065			119977	51819			120163	1	x	x	120349	1	x	x
119793	66142			119979	256			120165	112516			120351	83458		
119795	5184			119981	1	x	x	120167	1	x	x	120353	5180		
119797	1	x	x	119983	1	x	x	120169	64			120355	72229		
119799	51880			119985	17581			120171	81343			120357	30928		
119801	1024			119987	8213			120173	30191			120359	107331		
119803	38095			119989	17438			120175	78534			120361	98964		
119805	115861			119991	43405			120177	50098			120363	2977		
119807	37522			119993	1	x	x	120179	59181			120365	88811		
119809	1	x	x	119995	45354			120181	1	x	x	120367	96901		
119811	4			119997	256			120183	97591			120369	4		
119813	1	x	x	119999	33751			120185	101091			120371	1	x	x
119815	60404			120001	26475			120187	53198			120373	21828		
119817	256			120003	78901			120189	4			120375	83659		
119819	68532			120005	16			120191	66065			120377	116145		
119821	108876			120007	12364			120193	1	x	x	120379	99940		
119823	31684			120009	50245			120195	89239			120381	4		
119825	1716			120011	1	x	x	120197	15640			120383	1	x	x
119827	1	x	x	120013	87220			120199	1	x	x	120385	16		
119829	106909			120015	72454			120201	7861			120387	4		
119831	1	x	x	120017	1	x	x	120203	65795			120389	115143		
119833	596			120019	26732			120205	118321			120391	1	x	x
119835	102109			120021	48544			120207	86611			120393	56767		
119837	98177			120023	91585			120209	1	x	x	120395	36844		
119839	1	x	x	120025	93741			120211	17172			120397	1	x	x
119841	12514			120027	4			120213	69853			120399	97186		
119843	100372			120029	37690			120215	24059			120401	1	x	x
119845	12831			120031	104086			120217	39489			120403	21338		
119847	42592			120033	256			120219	1444			120405	80161		
119849	1	x	x	120035	96044			120221	7477			120407	94789		
119851	1	x	x	120037	70005			120223	1	x	x	120409	51704		
119853	105583			120039	4			120225	47191			120411	99148		
119855	71929			120041	1	x	x	120227	43366			120413	1	x	x
119857	34303			120043	50219			120229	8275			120415	24099		
119859	4			120045	81616			120231	57415			120417	33064		
119861	17187			120047	1	x	x	120233	1	x	x	120419	85394		
119863	19628			120049	1	x	x	120235	39854			120421	64		
119865	112021			120051	256			120237	40933			120423	47554		
119867	13451			120053	82888			120239	86319			120425	38141		
119869	1	x	x	120055	4809			120241	62085			120427	1	x	x
119871	15133			120057	88120			120243	26185			120429	256		
119873	68643			120059	32280			120245	16			120431	1	x	x
119875	56659			120061	6917			120247	1	x	x	120433	70816		
119877	112222			120063	76357			120249	63310			120435	16384		
119879	71688			120065	16			120251	72274			120437	97667		

p	$2^{p-1} \bmod p$	PZK	PZ	p	$2^{p-1} \bmod p$	PZK	PZ	p	$2^{p-1} \bmod p$	PZK	PZ	p	$2^{p-1} \bmod p$	PZK	PZ
120439	66718			120625	119466			120811	1	x	x	120997	1	x	x
120441	10435			120627	36976			120813	63991			120999	84193		
120443	27392			120629	15916			120815	96999			121001	1	x	x
120445	99126			120631	30696			120817	1	x	x	121003	17070		
120447	61276			120633	49486			120819	63397			121005	85621		
120449	17271			120635	21554			120821	65015			121007	1	x	x
120451	98970			120637	64997			120823	1	x	x	121009	47818		
120453	4			120639	4			120825	62491			121011	50755		
120455	72289			120641	1	x	x	120827	37907			121013	1	x	x
120457	32251			120643	53863			120829	1	x	x	121015	24219		
120459	4			120645	42781			120831	4			121017	58639		
120461	33694			120647	1	x	x	120833	1	x	x	121019	1	x	x
120463	64			120649	58294			120835	52519			121021	1	x	x
120465	21586			120651	66655			120837	63016			121023	109561		
120467	33299			120653	106187			120839	44523			121025	16791		
120469	52453			120655	69189			120841	22632			121027	25578		
120471	69541			120657	58678			120843	58063			121029	4		
120473	1	x	x	120659	96385			120845	16			121031	63247		
120475	58784			120661	1	x	x	120847	1	x	x	121033	12027		
120477	84760			120663	120298			120849	4			121035	16384		
120479	91881			120665	16			120851	1	x	x	121037	17355		
120481	71728			120667	88949			120853	101081			121039	1	x	x
120483	100489			120669	41350			120855	11554			121041	52150		
120485	16			120671	1	x	x	120857	77933			121043	32029		
120487	65110			120673	64			120859	71314			121045	85786		
120489	4			120675	73834			120861	112927			121047	33217		
120491	66453			120677	1	x	x	120863	1	x	x	121049	72604		
120493	4199			120679	106209			120865	53396			121051	64		
120495	12334			120681	68575			120867	4			121053	4		
120497	24430			120683	72203			120869	99766			121055	23204		
120499	77685			120685	16			120871	1	x	x	121057	65536		
120501	110308			120687	80728			120873	23599			121059	256		
120503	1	x	x	120689	1	x	x	120875	78284			121061	1	x	x
120505	45116			120691	1	x	x	120877	1	x	x	121063	1	x	x
120507	4			120693	4			120879	89950			121065	64936		
120509	89105			120695	54469			120881	27970			121067	1	x	x
120511	1	x	x	120697	62121			120883	3837			121069	104534		
120513	107152			120699	256			120885	40561			121071	4		
120515	24119			120701	111477			120887	75306			121073	118322		
120517	8424			120703	66862			120889	1	x	x	121075	68734		
120519	100615			120705	119011			120891	14344			121077	84676		
120521	30681			120707	58848			120893	51828			121079	44599		
120523	18550			120709	1	x	x	120895	48374			121081	1	x	x
120525	67891			120711	4			120897	43348			121083	4		
120527	88680			120713	1	x	x	120899	1	x	x	121085	111036		
120529	56248			120715	38039			120901	2311			121087	19970		
120531	4			120717	20722			120903	21685			121089	102391		
120533	25202			120719	10050			120905	16			121091	86755		
120535	96444			120721	1	x	x	120907	1	x	x	121093	64		
120537	69763			120723	4			120909	54622			121095	16969		
120539	1	x	x	120725	8816			120911	106703			121097	51745		
120541	43352			120727	94785			120913	2393			121099	80270		
120543	31756			120729	82744			120915	91219			121101	10330		
120545	16			120731	92336			120917	1	x	x	121103	76344		
120547	33069			120733	12347			120919	1	x	x	121105	89686		
120549	256			120735	4999			120921	86956			121107	82786		
120551	1	x	x	120737	1	x	x	120923	99961			121109	81132		
120553	38751			120739	1	x	x	120925	32866						
120555	59764			120741	53005			120927	115204						
120557	1	x	x	120743	55281			120929	1	x	x				
120559	105594			120745	69921			120931	116375						
120561	84088			120747	62368			120933	55120						
120563	1	x	x	120749	1	x	x	120935	78829						
120565	16			120751	37124			120937	1	x	x				
120567	4			120753	256			120939	33856						
120569	1	x	x	120755	72469			120941	1	x	x				
120571	69499			120757	26937			120943	1	x	x				
120573	256			120759	4			120945	45391						
120575	115684			120761	85406			120947	1	x	x				
120577	1	x	x	120763	1	x	x	120949	51862						
120579	4			120765	8821			120951	53788						
120581	92292			120767	1	x	x	120953	89182						
120583	26750			120769	22982			120955	64689						
120585	40501			120771	64516			120957	21529						
120587	1	x	x	120773	22525			120959	30240						
120589	46271			120775	3984			120961	120597						
120591	256			120777	58579			120963	23062						
120593	66213			120779	1	x	x	120965	88026						
120595	70579			120781	100436			120967	52886						
120597	112648			120783	62989			120969	256						
120599	100166			120785	97666			120971	97921						
120601	4096			120787	54350			120973	52033						
120603	83752			120789	256			120975	56959						
120605	16			120791	21616			120977	1	x	x				
120607	1	x	x	120793	50861			120979	119358						
120609	53743			120795	16384			120981	10903						
120611	55186			120797	26119			120983	56618						
120613	114343			120799	64			120985	16						
120615	80899			120801	12622			120987	82066						
120617	34526			120803	34963			120989	77740						
120619	1	x	x	120805	32126			120991	11192						
120621	8464			120807	98365			120993	91609						
120623	1	x	x	120809	115612			120995	31124						

Literatur

Textquellen

[BM] Barth/Mühlbauer/Nikol/Wörle, *Mathematische Formeln und Tabellen*, München 2004[8], S.13

[BR] Bartholomé/Rung/Kern, *Zahlentheorie für Einsteiger*, Wiesbaden 2006[5]
 S.158[2,3], 160[3], 163[1]

[BS] Beutelspacher/Schwenk/Wolfenstetter, *Moderne Verfahren der Kryptographie*, Wiesbaden 2006[6], S.17

[BA] Bosch, S., *Algebra*, Berlin Heidelberg (Springer) 2009[7], S.11[1,2]

[BL] Bosch, S., *Lineare Algebra*, Berlin Heidelberg (Springer) 2008[4]
 S.14[2], 15[1], 109[3]

[DP] Brünner, A., *Die Primzahlseite*
 Internetseite: http://www.arndt-bruenner.de/mathe/scripts/primzahlen.htm
 vom 07.03.2005, aufgerufen am 23.10.2010

[BJ] Buchmann, J., *Einführung in die Kryptographie*, Berlin (Springer) 2001[2]
 S.55[1], 73/74[3], 113-125[2]

[BP] Bundschuh, P., *Einführung in die Zahlentheorie*, Berlin Heidelberg (Springer) 2008[6]
 Vorwort[1], S.3f.[2], 5[10], 7[9], 16[2,3], 79[4,6], 80[11], 83[5], 85[7], 86[8], 96[12,13], 97[14]

[FG] Fischer, G., *Lineare Algebra, Eine Einführung für Studienanfänger*, Wiesbaden 2008[16]
 S.40[4], 45[1], 56[2,3], 57[3]

[LE] Lamprecht, E., *Einführung in die Algebra*, Basel 1991[2], S.22

[LA] Hrsg. Langenscheidt-Redaktion, *Schulwörterbuch Latein*, München 2007

[PF] Padberg, F., *Elementare Zahlentheorie*, Heidelberg (Spektrum) 2008[3]
 S.117[1], 121[2]

[RA] Richter, A., *Einzeldaten der Bevölkerungsstatistik – Die natürliche Bevölkerungsbewegung in Deutschland*, in: *Statistische Monatshefte Rheinland-Pfalz*, Internetseite:

http://www.forschungsdatenzentrum.de/publikationen/veroeffentlichungen/fdz-aufsatz-02.pdf
vom 07.2006, aufgerufen am 17.10.2010

[SH] Scheid, H., *Zahlentheorie*, Heidelberg Berlin (Spektrum) 2003[3]
S.29[3], 133[1], 134[2]

[GP] *Bislang größte Primzahlen errechnet*, o.V., in: *Welt online*, Internetseite:
http://www.welt.de/wissenschaft/article2434202/Bislang-groesste-Primzahlen-errechnet.html
aufgerufen am 17.10.2010

[PP] *Pseudoprimzahl*, o.V., Internetseite:
http://www.uni-protokolle.de/Lexikon/Pseudoprimzahl.html#Pseudoprimzahlen_nach_Fermat_zur
_Basis_2
aufgerufen am 23.10.2010

Bildquellen

[GG] *Gefangen oder Gelassen*, o.V., Internetseite: http://home.snafu.de/walterz/darmstadtlecture.html
aufgerufen am 17.10.2010

Sonstige Abbildungen und Tabellen wurden selbst erstellt.

Selbstständigkeitserklärung

Ich erkläre hiermit, dass ich die Facharbeit ohne fremde Hilfe angefertigt und nur die im Literaturverzeichnis angeführten Quellen und Hilfsmittel benutzt habe.

_____ , den _____ _____